创意包装

CREATIVE
PACKAGING

爆款单品设计
实战指南

高色调文化 / 编著

金城出版社
GOLD WALL PRESS
中国·北京

图书在版编目（ＣＩＰ）数据

创意包装：爆款单品设计实战指南 / 高色调文化编著 . — 北京：
金城出版社有限公司 , 2024.1
ISBN 978-7-5155-2488-7

Ⅰ . ①创… Ⅱ . ①高… Ⅲ . ①包装设计 Ⅳ . ① TB482

中国国家版本馆 CIP 数据核字 (2023) 第 098166 号

创意包装：爆款单品设计实战指南

出 品 人	丁 鹏
编 著	高色调文化
策划编辑	张 清
责任编辑	李明辉
责任校对	岳 伟
责任印制	李仕杰
开 本	889 毫米 ×1194 毫米 1/16
印 张	16.5
字 数	316 千字
版 次	2024 年 1 月第 1 版
印 次	2024 年 1 月第 1 次印刷
印 刷	深圳市和谐印刷有限公司
书 号	ISBN 978-7-5155-2488-7
定 价	248.00 元

出版发行	金城出版社有限公司 北京市朝阳区利泽东二路 3 号 邮编：100102
发 行 部	(010) 84254364
编 辑 部	(010) 64391966
总 编 室	(010) 64228516
网 址	http://www.jccb.com.cn
电子邮箱	jinchengchuban@163.com
法律顾问	北京植德律师事务所 18911105819

前言

×2.00

作者 /olssonbarbieri

在气候状况不容乐观的时候，设计师被赋予了新的意义和责任，我们需要重新思考当下的生产系统和消费方式，以及如何加深大众对人类和非人类系统联系的认识。我们的生活与周围一切息息相关。为了人类的繁荣兴旺，生态、土地和所有地球生命都需要健康发展。

我们工作室专门从事品牌识别和包装设计，尤其专注于食品和饮料行业，它们与农业有着直接联系。据估计，农业产生的碳排放量占全球总排放量的三分之一。这也给生物多样性带来危害。在我们看来，设计能将更多批判性思维带入食品包装的世界，这门学科也应该从单纯的商业工具，提升为引起根本性变化的力量。

我们在工作中经常使用非常规的包装方案，尝试有意识地使用环保材料。根据我们的经验，在设计初期多探讨有关替代材料的话题，有利于构思更好的包装方案和促进一些有意义的改变。现在，在某些领域使用固定的材料做包装已经被视为理所当然，所以设计师有时很难想出替代材料的方案。比如在烈酒包装中，酒瓶重就代表这款酒的品质优秀。但我们在为挪威奥斯陆酒吧 Himkok 的烈酒设计包装时，却一直在降低酒瓶的重量，以减少玻璃的消耗和运输产生的排放。我们还为再生农业农场 Hovelsrud 的有机土鸡肉设计过包装，我们使用了新的包装技术，让消费者可以将塑料薄膜和纸板分离，分别回收。与肉禽常用的包装方案相比，该技术可以少使用至少 70% 的塑料。

Himkok 烈酒包装

如今塑料和含塑料材料随处可见，尽管它们是主要的环境污染物，但是我们认为专注于打击单一材料也会引发危害，因此更要从整体看待，考虑多方面的因素。就食品行业而言，在其生产系统中已经看不见单一材料造成的土地和生物多样性破坏。这些破坏可能导致资源商品化、对农民和工人的剥削、动物伤害、大众与自然的距离越来越远。

作为一家设计工作室，我们喜欢与关心未来的食品和饮料品牌合作，不仅满足他们的设计需求，还志在塑造食品包装的未来。设计师有可能，也有责任重新思考设计并改变食品行业。今天的品牌应该将社会关怀和幸福放在首位，改变以权力和竞争为基础的萃取型经济。如今，已经有许多振奋人心的科学和新技术，为改善人与自然的关系提供了另一种可能性。比如真菌可以降解某些塑料，将其转化为有机物质。不同的学科共同协力，为人类所面临的问题创造更好的解决方案，我们对此兴奋不已。简而言之，我们的目标是为人类和非人类创造一个更好的世界—— 培养可持续发展、包容每个人、令人愉快和激动的未来。

Hovelsrud 鸡肉包装

作者 / 小玉文

那些从事印刷、烫金和模切工作的人，把设计师的想法变成了实物。所以我一直都很尊重他们，也很重视顺畅有效的沟通，以便双方都能愉快地工作。如果设计师只是把包装的制作需求发给印刷工人，并指定印刷工艺和潘通色号，就很难让他们清楚地明白这个包装要达成的目标和效果。基于对方理解的程度，成品会有所不同。

本书收录的鄙社作品 Hito to Ki to Hitotoki，就是需要和印刷工人紧密且积极合作的例子。这款产品是在大型木桶中酿造的珍贵清酒，木桶酿酒是日本的传统工艺。为了传达这种酒的魅力，我们提出制作立体感的木纹标签。酒水略带黄色，为了强调这种颜色，我们要尽可能保持标签设计的简洁。其上面的木纹是根据酿酒师制作的木桶纹理描绘而成的。同时，我们希望人们看了包装能够产生想买、想喝的欲望。因为传承木桶酿酒文化的重要意义就在于让更多人对它感兴趣，并亲自体验它的魅力。富有吸引力的包装设计就像一种催化剂，卓有成效。当我们将这些想法传达给印刷工人，并与他们讨论我们想要的木纹效果时，他们表示非常感兴趣，并致力于这个项目。

如果我们有着共同的目标，就可以互相碰撞想法，做出好的东西。这是我在该项目中得到的收获，也是我在所有设计中重视的理念。

Hito to Ki to Hitotoki 包装

目录

///

第一章 对话包装设计大咖

第二章 品牌包装出圈的秘密

第三章 包装创意灵感集市

AD—Art Director—艺术总监

ACD—Account Director—客户总监

BS—Brand Strategist—品牌策划

CD—Creative Director—创意总监

CSD——Creative Services Director——创意服务总监

CL—Client—客户

CW—Copywriter—文案

D—Designer—设计师

DD—Digital Director—数字总监

DF—Design Firm—设计公司

ID—Industrial Designer——工业设计师

ILL—Illustrator—插画师

PD—Production designer—产品设计师

PA—Partner—合作伙伴

PM—Project Manager—项目经理

PH—Photographer—摄影师

第一章　　　　对话包装设计大咖

×4.00

把包装当作一本好书的封面来设计

///

俄罗斯产品设计师和平面设计师，活跃于美妆领域。合作客户包括丝芙兰、川久保玲、服装品牌 Comme des Garçons、植村秀、山本耀司和 AKG 等。作品曾获德国 iF 设计奖、香水基金会奖和红点奖等。Grisha Serov 从 2017 年起，为山本耀司的三个香水系列"I am not going to disturb you""YOHJI""UNRAVEL"设计了包装，其中"YOHJI"荣获号称包装界奥斯卡的 Pentawards 金奖。

可以为我们介绍一下"I am not going to disturb you""YOHJI""UNRAVEL"三个香水系列吗？

"I am not going to disturb you"是山本耀司品牌在全球范围内重启的香水线之一[1]。山本耀司本人通过它传递了一种反叛精神，表达"按自己的路走下去，希望能改变那些有所质疑的人"。这款香水传递的信息充满了讽刺意味——"我无心打扰你，难道我已经打扰到你了？"

"YOHJI"是一个非常私人化香水系列，共有 6 款，每种香味都反映了一种价值观。Mode Zero：不需要去证明什么，你是你选择成为的人，我们没有什么要添加给你的；Nowness：心爱的旧物质感，是经时光洗练而成；Deconstruction：不要为了虚假的偶像出卖自己；Darkness：自信在轮廓中，颜色并不重要；Paradox：这种香味是一层面纱，你的反抗自由决定了你能多大程度地展现自己；Avant-Garde：前卫不是一个随机的目的地，相反，它是你最终的选择。当这 6 款香水放在一起时，才能完整呈现山本耀司的理念。

"UNRAVEL"系列从很早就开始策划了，就像好的故事总是要有一个鼓舞人心的开头、挑战性的发展和有意义的结尾。它是山本耀司品牌发布的最后一款香

山本耀司

水，也是对山本耀司本人的致敬。由于日系风都很简洁，所以这个系列必须切中要点——不过火，也不能乏味，旨在为日常生活创造一系列嗅觉语言。

以上三个系列香水的包装设计概念和特点是什么？

在"I am not going to disturb you"系列中，我们设计了一个看上去有点像隐藏在黑布底下的瓶子，但（瓶子的形状）仍然很明显。这是对山本耀司设计理念的致敬，既保持极致的吸引力，又不会打扰任何人。

在"YOHJI"系列中，我们使用了"瓶中信"的概念，在瓶身内壁写上山本耀司曾说过的话，同时将香味视觉化。而瓶身上装饰性线条，实际上是将"YOHJI"的字母环绕在了玻璃管上。

"UNRAVEL"是一款反映真实自我的香水，给人的感觉是在发掘自我的道路上可以打破所有的阻碍和限制。所以，瓶子的一面就像是旧镜子，而另一面是警戒带。

[1] 山本耀司曾于 1996 年发售首款同名香水"YOHJI"，随后又陆续推出几款香水，在 2005 年这些香水全部停产。2013 年，山本耀司重启了香水线。

I am not going to disturb you

YOHJI

UNRAVEL

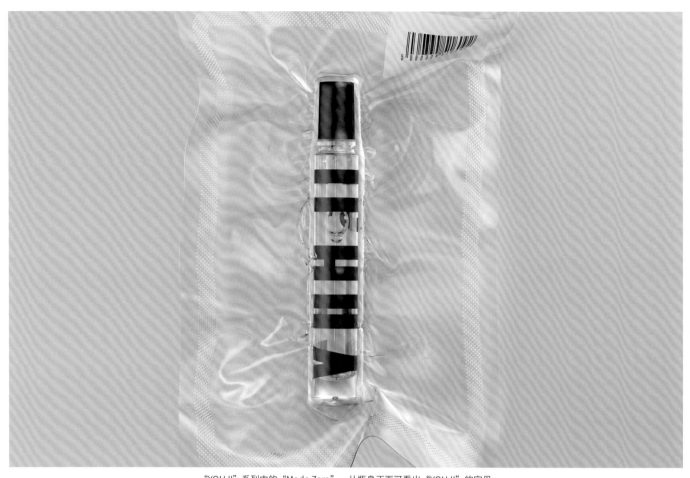

"YOHJI"系列中的"Mode Zero",从瓶身正面可看出"YOHJI"的字母

"UNRAVEL"包装有做旧镜面和黄色警戒带元素

您在着手设计时，做了哪些准备工作？

我看了很多山本耀司的采访和纪录片，查看了他所有的作品和草图。所以我不是在创造新事物，而是重建大众已经知道的有关山本耀司的东西，只是以嗅觉的形式罢了。

YOHJI 系列由 6 款香水组成，传递了山本耀司的品牌态度。您如何在包装上突出香水不同的个性，又保留系列的统一感？

我给每款香水的包装设计了不同的颜色和特别的装饰，以反映各自的概念。Mode Zero 的瓶身和外包装都非常简洁，代表"Nothing Extra"（别无他物）。Nowness 的瓶身内壁模拟了旧镜子的表面，代表过去美好的回忆，虽然该设计看上去与内壁文字的含义有些矛盾，但仍基于山本耀司说的话："我一边回首过去，一边向着未来前行。"Deconstruction 则有混凝土纹理。Darkness 非常特别，除了深黑色的装饰线，还在里面设置了一条发光管，因为你需要光来感受黑暗。Paradox 和 Avant-Garde 的装饰线从瓶身内看分别为紫色和红色，前者以极简方式表现了山本耀司最喜欢的鸢尾花，后者象征火山爆发，也可以作为新事物诞生的标志，这才是真正的 Avant-Garde（前卫派）。

您为"YOHJI"设计了外盒包装，并描述道："包装盒背后的想法是创造一些还不存在的东西。我们没能创造出新的东西，除非把内部的东西放到外面。"这该如何理解呢？

为"YOHJI"设计包装盒是另一种挑战。市面上几乎存在了任何可能的设计，但我们想要一些新的、不同的东西。我们最终提出了"Anti-Box"的想法：移除所有奢华的材料，只展现盒子的原材料——黑色泡沫未经加工的美。而且这些材料都是手工切割的，所以它们的纹理就像指纹般独一无二。在盒子的背面还有小小的布质标签。全黑、手工切割、不完美——我

Mode Zero，瓶身内壁文字意为"做你自己。你很好"

Nowness，瓶身内壁文字意为"我不想往回看。如果你往回看，你就不会进步"

Deconstruction，瓶身内壁文字意为"所有事情都应该是不对称的。完美的对称是丑陋的"

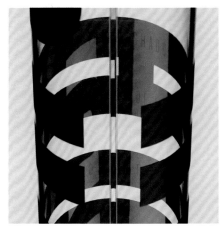

Darkness，瓶身内壁文字意为"黑色是最后的阴影和万物的轮廓。它是我的第二层皮肤"

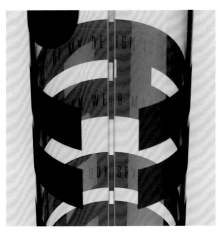

Paradox，瓶身内壁文字意为"我的设计基于这样的概念：女人越是穿男性化衣服，就越显得性感和美丽"

Avant-Garde，瓶身内壁文字意为"叛逆不专属于年轻人，它是我的生活原则"

们就是这样做成"完美"的"Yohji"盒的。

您希望通过三个系列的设计给消费者带来什么样的感受和使用体验？

任何山本耀司的产品，无论是衣服还是香水都有一个目标，就是当你拿起它时，你就找到了属于自己的一部分。

山本耀司本人的设计风格是否对香水包装产生了影响？

在设计时，我们总是会提到各种各样的黑色色调、美丽的缺陷、精妙的细节、隐藏的信息和层次感。这些都是山本耀司的设计准则。

就您个人看来，在为知名品牌旗下新产品

"YOHJI"的包装盒

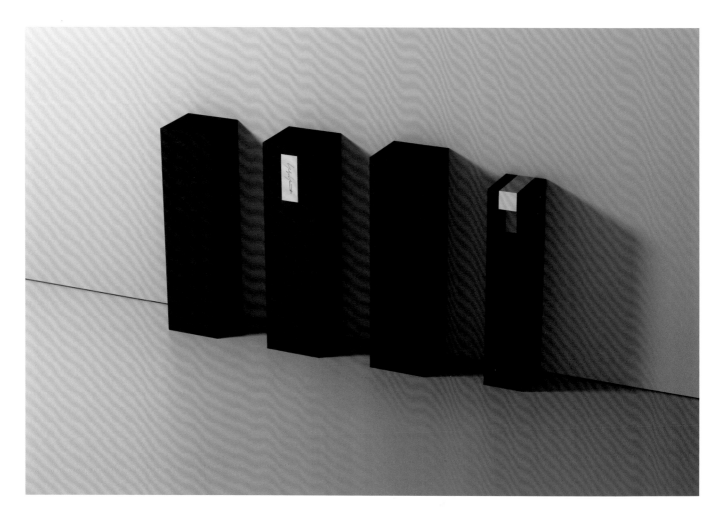

线做设计时，设计师有什么要特别注意的地方？

我认为在为知名品牌工作时，成功的关键在于发挥品牌已有的特点，避免加入设计师个人的东西。正如山本耀司所说："唱同一首歌，但要有不同的编排方式。"

许多设计师在向客户展示作品或沟通时会感到困难，您对此有什么建议吗？

热爱你所做的事情，勇敢地去拥抱你取得的成就。不要与客户分享你的设计，而是分享你对设计的激情。

可以分享一些设计香水包装的经验吗？

香水能调动你的所有感官、所有感觉，带你回味一些深刻的私人记忆。香水总是在讲述一个故事，有时甚至是好几个故事。因此，我建议所有创作香水包装的设计师，把包装当作一本好书的封面来设计。

爱和信赖是保持人气的秘密

小川裕子

///

日本包装设计师、日本包装设计协会理事。她在 26 岁创立个人设计事务所，主要活跃于食品包装领域。合作的客户包括三得利、明治、川宁、TARAMI 等。作品曾获日本经济产业大臣奖、日本包装设计协会银奖、Pentawards 包装设计银奖等。2004 年，小川裕子为明治巧克力品牌 Meltykiss（雪吻）设计了全新包装，当时该产品正面临销量危机。而 Meltykiss 以全新面貌问市之后，同年的明治《有价证券报告书》指出这次升级获得了巨大成功，销售额出现显著增长。也就是这之后，小川裕子一直负责 Meltykiss 每年的包装更新。

Meltykiss

在您第一次为 Meltykiss 设计包装时，当时它的市场定位、大众认知度是什么样的情况？您面临的设计难题有哪些？

Meltykiss 原本每年冬天只发售两种口味，但从 2004 年开始增加到三种口味。之前的口味有"白巧克力"和"杏仁巧克力"，2004 年则是"高级巧克力""草莓巧克力""抹茶巧克力"，更加丰富了产品的口感。其实 Meltykiss 原来的大众认知度就很高了，不过那次升级后感觉又更上一层楼。回想当初，我脑海中浮现的并不是有多么辛苦，而是和客户沟通时，解决了一个又一个问题的快乐。

最难的其实是拍摄吧。让我印象最深刻的是，当时我们花了两天时间拍摄，甚至进行到深夜。不过也正是因此，才有了这么优秀的成果吧。

您当时是如何寻找突破口开展设计的？为 Meltykiss 定下的设计概念是什么？

我重新思考了产品的初心：Meltykiss 到底是为谁而设计的，这是什么样的产品？Meltykiss 的概念一直以来都是"像雪一样的口感"，名字也叫雪吻（可以理解成如雪融化一般的吻），我在脑海中对这些概念进行想象，并落实到具体的设计上。在 2004 年包装的主视觉设计上，我使用了两颗巧克力放在一起的图像，就像是一对情侣在雪中相互依偎，表现甜得快要融化的氛围。还有，Meltykiss 的定位为"对自己的奖励"，因此我设计的包装盒会让人联想到宝盒。消费者奖励自己一盒甜甜的、可以在口中融化的巧克力，在品尝时能感到满满的幸福。这就是我设计的理念。

从 2004 年至今，Meltykiss 的包装设计经历了哪些重要的变化阶段？

在为 Meltykiss 设计包装的头几年里，我一直以非常自由的状态设计，变着法取悦消费者。但后来还是回归到了 20 世纪 90 年代 Meltykiss 的设计风格上，希望让人感受到"Meltykiss 就是得这样才对味"。再后来，日本掀起了可可热，人们对巧克力的需求越来越高，非常喜欢含有高浓度可可、牛奶的巧克力。于是，Meltykiss 的包装也随之进化。每年，我都会在增加新元素的基础上牢记：在设计上体现出更加享受巧克力的味觉盛宴，同时保留 Meltykiss 的特点。

2004 年 Meltykiss 包装

2005 年 Meltykiss 包装

2006 年 Meltykiss 包装

2014 年 Meltykiss 包装

2015 年 Meltykiss 包装

2019 年 Meltykiss 包装

日本包装一直以来注重消费者的使用体验，Meltykiss 包装在这方面是如何考量的？

Meltykiss 就像宝盒一样。小的时候，女孩子（当然也包括男孩子）都会将自己珍贵的宝贝收藏在一个属于自己的很特别的宝盒里，里面藏着难忘的，对自己来说非常重要的美好回忆。Meltykiss 盒子之所以设计成方形，就是为了让人们回想起儿时的宝盒。当你打开盖子后，看到闪闪发光的内包装，就感觉像要拿出一个宝物。你可以在感受到"冬天终于来了"的时刻，品尝一块美味的巧克力。

几年前，我们开始在内包装上印一些心形图案。当大家看到它的时候，可能心脏就会扑通扑通地跳，感到特别开心。盒子的内侧和底部还有好几个很可爱的宣传语和设计细节。这也算是对看到这些人，表白一点点爱意吧。我设计了很多像这样的小细节，最终目的都是希望传递品牌想要温暖消费者的态度。设计师就是用心将这样的态度变成可见的实体，而 Meltykiss 就是这样一个充满爱意的产品。

2021 年对许多人来说都是艰难的一年，可以跟我们说说 Meltykiss 这一年的包装设计吗？

这次的设计正好遇到新冠疫情，我们自己无法进行拍摄，所以就购买了许多照片素材，用照片表现出一个世界观。包装盒左右两侧视觉的表现手法是不一样的。例如草莓味，右边采用了将草莓放在篮子里，俯拍角度的照片，表现空气感；左边是刚刚摘下来的草莓特写照片。包装盒正面除了巧克力照片，还首次加入了原创的针织纹样。因为我特别执着于细节，所以设计过程非常辛苦。

Meltykiss 的内包装

2021 年 Meltykiss 包装

包装盒正面可见针织纹样

这一年的设计收获了较高的评价。包装正面的设计虽然简单，但通过针织纹样透露出了温暖感，侧面的表现手法可以让消费者感受到满满的幸福，所有版面都得到了充分利用，让消费者不会感到厌倦。包装在商场里大量摆放时，从不同角度看可以感受到不同的效果，吸引了大家的目光。

作为设计师，您是否会参与 Meltykiss 营销方案的讨论中？在设计时会不会受到营销策略的影响？

我跟明治设计总监讨论过营销方案。当然，营销策略和市场战略都是我设计上的重要参考坐标。然而平时在讨论中，我主要是提出一些设计上的看法，比如"下次用这样的氛围去表现怎么样""今年的背景色比较明亮，明年要不要更深一点呢"。而我们能进行这样的讨论也是得益于常年的合作。并不是说这次的工作结束了，就真的结束了，而是连同未来的工作方向也一起讨论。我们也会进行较自由、其他方向的聊天，像"要是有这种口味的产品就好了"之类的。

可以谈谈您为 Meltykiss 中国版包装设计的过程吗？它与日本版最大的不同点在哪里？

中国版包装最大的特征就是正面有个长方形标志，日版设计是没有的。还有，中国版有 8 种口味，因为我听说"8"这个数字在中国很吉利，所以就让公司做了8种。像芒果味、牛奶味、咖啡味、蓝莓味等在日本都是吃不到的，我之前尝过，真的非常好吃，甚至想过是不是也可以在日本卖呢。我还听说，中国消费者经常把 Meltykiss 当作礼物送人，因此我设计了好几种口味混装的大礼盒，这也是日本没有的。我发现即使是同一种产品，不同国家的人对它会有不同的感受，它的定位也不一样。

市场的喜好瞬息万变，但您却一直为 Meltykiss 设计包装至今，并深受大家喜爱，您成功的秘诀是什么？

因为我深爱着 Meltykiss，也很喜爱和信赖明治这家公司。我觉得爱和信赖是保持人气的秘密。最重要的是，我是衷心地希望购买 Meltykiss 的消费者能露出笑容。我想，这些年来一直聘用我的客户也一定感受到了这份心意。

中国版 Meltykiss 包装

在日本从事了这么多年的包装设计工作，有哪些让您印象深刻或重要的包装风格变化阶段？

产品包装和社会、经济形势是密不可分的。在经济不错的时代，天马行空的设计也能被接受，但是在经济不景气的时代，大家都更容易接受安心安全的产品。比起发布新的产品，现在更多的是对销售稳定的产品进行改良。在这样的形势下，我觉得只要能做出让消费者感到一丝开心，展露笑容的设计，都是好的设计。

日本自古以来就有很多深受喜爱的零食。我认为现在是重新审视这些零食的好时机，让以前的东西再次流行起来。如今，日本正掀起复古风。以前的杂货和食物对于年轻人来说非常有新鲜感，因此备受瞩目。而年长的人同样在关注它们，因为唤醒了他们当年的回忆。我认为，无论是在哪个时代，包装都可以通过一些小设计，让人既感到新鲜又怀念。

您对日本美学有着怎样的看法，在设计时会受到日本美学的影响吗？

日本的审美意识非常细腻，同时又非常大胆。一方面，细腻体现在无时无刻不在关注细节，连细微的线条都要特别谨慎地一根一根画出来，专注力很强；在设计上也非常坚持自己的想法，直到最后一刻不做任何妥协。另一方面，从古老的日本美术中就可以发现很多非常大胆的构图和设计，而且兼顾了幽默感。

现代设计在细腻中也有大胆和令人捧腹的东西，我觉得如果可以根据需求好好地加以区分使用，不难做出好的设计。日本的审美意识并不只受到美术界的影响，也受到衣食住行、动植物、自然等各个方面的影响，我认为在未来还会受到更多来自国际上的刺激和影响。

包装设计更要看重感性的力量

潘虎

///

潘虎包装设计实验室首席设计师、深圳市插画协会副会长、联合国合作艺术家。多年来不间断地从事产品及包装为主的设计应用研究和实践，于 2012 年创立工作室——潘虎包装设计实验室，现已成为当下中国商业市场上最为活跃和具有热度的设计力量之一。合作的客户包括蒙牛、宝洁、华润、中粮、瑞幸、联合国和青岛啤酒等。作品曾获红点奖、德国 iF 设计奖、美国 IDEA 奖、Pentawards 包装设计奖、美国 One Show 设计奖等一百多项国内外奖项。

您刚开始是在广告公司工作，后来为什么选择在包装设计领域深耕，并一直坚持到现在？

我大学专业偏商业设计。毕业之后，我们很多毕业生都觉得第一份工作做什么，可能就决定了自己未来是哪个领域的设计师。我第一次接触的是产品包装，当时没什么经验，非常艰难地把整个过程跑完了。后来也从事了平面设计相关的其他工作，包括海报、书籍等。当有了这些经历后，我领悟到只有你发现哪个小领域里自己做起来没有那么累，或者在过程中能找到很多乐趣，可能刚好就是你要去从事的事业。包装设计确实给我带来了乐趣，特别是在我真正从事包装设计后，很享受看着设计慢慢变成实物的过程。打个比方，就是我小时候洗黑白胶卷，看着它慢慢显影，然后再慢慢定影，在这个过程中你会觉得"哇"，挺享受的，就像看着一道菜慢慢被做出来。

您在很多采访中都提到过"审美之仇，不共戴天"，"美"可以说是您对包装的首要追求吗？您个人对"美"有怎样的理解呢？

不尽然。我虽然经常说这句话，但我是基于现象来看待这个问题的。包装出现的地方，比如超市，直接反映了当地人民群众的生活方式，甚至是生活水平，或者说当地人对生活的某些需求。在这样的前提下，对包装设计提出的是一个综合性要求，不仅仅是"美"。我常说产品包装完成了四项工作，首先是保护产品，其次是传递信息，再次是促进销售，最后才是传递品牌精神方面的价值。因此要是单说美，我认为肯定是不尽然的。但是美在包装设计中起到了很重要的作用。

我有时候自嘲说，我的工作都是由一些鸡毛蒜皮和吃吃喝喝组成，但这样的东西构成了人民群众的生活方式。所以我必须爱戴这份工作，我觉得它依然伟大，其实生活才是一个人真正的、最基础的，甚至更本质的需求。我们每个人的生活都在不停地改善，不停地提高。也许通过包装设计，可以让人觉得自己的生活才是一种最本质的美。

您为褚橙设计的包装让人印象深刻，这款包装不仅拿了很多国际设计奖项，也带动了产品销量。可以跟我们分享这个项目的设计故事吗？

褚橙是我第一次从事商业包装的设计工作，之前一直没有专注于这个领域。在褚橙庄园开园的时候，机缘巧合下，我有幸到那里拜访了褚老（褚时健）。在交谈中，他询问我是做什么工作的，我回答现在刚开始从事产品包装领域的工作，所以褚老和他夫人当时兴致勃勃把这个项目交给了我。坦白讲，我一直对褚老非常敬仰，他伟大的地方在于能影响到周边所有人，使他们都变得非常正面、正向。

当时我特别想把这个项目做好，所以费了很大的力气，几乎把自己吃奶的劲都拿出来了。在完成之后，也是运气非常好，基本所有的包装设计奖项都被这个作品拿到了。我也从这次经历中，体会到做包装设计的乐趣。褚老对这个成果非常满意，他允许我实验室的名字在褚橙包装上出现3年。我当时跟他说，这简直是送了我2000万元的广告费，我非常开心！ 还跟

褚橙包装有独特的结构设计，轻轻向外抽拉，里面的橙子就会自动升起，暗示着创始人一生的起起落落

他说，您这样的举动有可能会让我们在未来横扫中国包装设计界，而且基于这个作品，我也有这样的信心。说这话是因为当时拿了奖之后，我很激动，当然现在我们仍在努力，只有不断努力才能成功。

您为很多老国货做过包装升级的设计，比如青岛白啤、鲁花小磨芝麻香油、王老吉凉茶。这些都是国人非常熟悉并且富有情怀的老产品，在这样的背景下，您主要从哪些方面考虑为它们赋"新"？

我曾经豪言壮语，说恨不得把小时候用过吃过的好东西都重新包装一遍。我们小时候其实有许多很好的产品，包括上海药皂、双汇火腿肠、百雀羚、蜂花护发素和芝麻香油等。我前段时间听了一场演讲，大概就是说，当代人的生活方式因为互联

网发生了一些转变，似乎让人觉得现在的时间没有过去的那么有价值，因为我们的节奏越来越快，大家很难去体验生活之美。我想这个时代确实在不停地往前，那么在这个过程中，我们是不是能基于产品本身加深对生活的体验？

我特别愿意帮中国传统的老产品进行包装升级，因为可以为我们的下一代或新用户带来全新的体验。一个产品固然好，但它的包装能不能跟上时代呢？我们谈到的消费升级、包装升级等，都包含一个很重要的原因：消费者已经更新迭代了，由年轻人消费这些传统的老国货。所以为这些产品做包装既要有传承，勾起回忆，同时又不能守旧。如果还用旧的方式去做设计，我认为不能带来新一轮的消费刺激。如果连包装都不能吸引人，促进销售更不可能。创造这种吸引力，对老品牌

包装来说是首要需求。

您为瑞幸和椰树联名的椰云拿铁设计了包装，在网上非常有话题度，而且跟您以往的设计风格完全不同。您当初是怎么接到这个项目的？可以跟我们聊聊这款包装的设计思路吗？

我们跟瑞幸有长期的合作关系，瑞幸大部分爆品都是由我们设计的。这次它和椰树联名的包装设计，我认为不应该把它看得过重，这毕竟是一次营销活动，而且这款产品也不是常销款。有时候，设计师是看菜吃饭的，在联名情况下，如果我脱离椰树去设计包装，反而达不到自己想要的结果。我认为解每一道题，看每一种病，都要开出不同的药方。不能说所有人来了，都是同一颗药。设计是一个千变万化的工

鲁花小磨芝麻香油旧包装与新包装

王老吉爆冰凉茶包装

青岛白啤包装

青岛白啤旧 logo（左）与新 logo（右）

作，设计师始终要保持开放的态度。如果把个人风格强加给所有客户，从某种意义上来说是不负责任的，是私心较重的。

然而，对于这个设计，也有很多朋友惊掉下巴，怀疑不是我做的，最后我只能从推文里说："不装了，我摊牌了，我干的。"但我还是希望大家别太认真了，因为这就是个玩啊。而且在玩的过程中，我们也有很多收获。我觉得一个产品及其包装，如果能真正地跟消费者玩起来，就是非常成功的。这次大家都在参与其中，甚至拿包装玩剪贴画，从这些线下的反馈看，我觉得这是一次非常好的合作。

您曾说自己会回避市场调研，从您的角度

瑞幸精品挂耳咖啡包装

瑞幸挂耳咖啡 2.0 系列包装

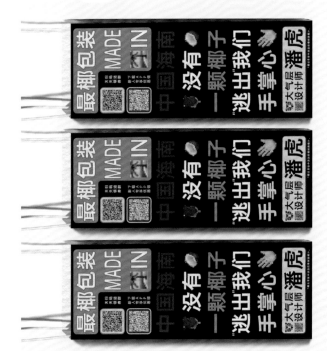

瑞幸椰树椰云拿铁包装

如何思考包装设计与消费市场之间的关系？

伟大的作家托尔斯泰说过："多么伟大的作家，也不过是在书写他个人的片面而已。"这是谈文学，那聊到设计上，其实所有的调研是为了证明某些东西的正确性而存在。我之前抛出一个观念：设计师首先必须是个生活家，得热烈地参与生活，去发现生活中的问题和解决问题的方法。我个人的观点是认识论和方法论发展到今天，大家对它们的依赖过重了。我觉得大家更要看重"感性的力量"。感性的力量不一定全是感性的，可能也有理性。调研对我而言困扰比较大，如果有些客户执意要调研，可能我们就不会再次深度合作了。我认为，设计师根据他所认知的市场反复推导，并且根据调研来调整、进行的设计一定平庸的。乔布斯说，消费者并不知道自己需要什么。而多依靠感性的力量做出的设计，才会真正影响到消费群体。

把设计理论化、数据化的方式，我称之为"套路"。我认为用套路完成的，一定是货架上又多了一个差不多的东西，我不太愿意做这样的设计。设计师其实是不停地反套路的，反套路后，再对反套路进行再反套路。

您与多位知名国内外插画师合作过包装，在您团队中也有几位非常优秀的插画师，您认为插画在包装设计中起到什么作用？

插画不是万能的，它只是我的创作手法之一，是我的一个表达工具。我在设计的时候，一开始没有考虑过我要用哪位插画师，只有当草图画到某种程度时，我才会想这样的风格谁来表达会更好。最近大家都喜欢国风，而且一谈国风好像必用插画，不一定要这样。我个人对国潮持批判态度，过分地强调国潮是文化的不自信，会表达出一种莫名的慌张。国货要自信，

更要自然。山本耀司也说："我去参展的时候，排除了一切日本式东西。如果要用和服做时装秀，就会感觉自己做了个土特产，会非常不自信。"包装设计可以说是产品设计的一部分，所以我们在考虑设计的时候，要考虑什么东西才能让产品焕发活力，而不一定要用插画刻板地套路它。

听说你们每年都会花 10% 的工作精力完成公益项目，您在做公益包装时会从哪些方面考虑？它与商业包装的设计有什么不同吗？

每年我们都会与阿里巴巴公益、联合国邮政署以及艾滋病规划署合作。我觉得公益项目是有社会属性的，而且我认为人一般都有三个价值，首先最基础的是商业价值，简单的例子就是你的工作或成果有没有人来购买；另一个是学术方面的价值，要慢慢地去追求；最后是社会价值，而设计师是具备强烈的社会价值的。我并不想做秀，要做就要真心实意地为这个世界或

与《人民日报》插画师李旻合作 牛栏山 70 系列包装

与挪威插画师 Martin Moorck 合作雪花黑狮啤酒包装

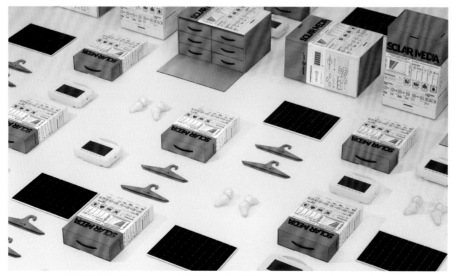

Solar Media 是支持非洲的公益产品，包含太阳能灯和教育媒体设备。潘虎团队为该产品设计的包装可撕拉、折叠和组装成抽屉、衣架和衣柜等物品

某些人群提供帮助，体现设计的力量。

公益设计和商业设计两者没有太大的区别，但相较之下，前者面对的群体更加广泛。现在所有产品划分越来越细，对特定人群的投放越来越精准，但公益项目更开放，它有更多受众。关于对包装和材料的再次利用，商业设计也有这方面的需求。而且我们无法否认，人类才是这个世界上最大的破坏者，所以当我们要消耗资源的时候，吃干抹净才是对它最好的尊重。我的大学老师也说，包装是垃圾的艺术，最终都避免不了被抛弃。但是垃圾也有垃圾的价值，我们要做的是如何把它们的价值发挥到极致。

您觉得现在中国包装设计行业面临的挑战有哪些？

以下是我的个人观点，仅供批判。第一，现在中国的设计师包括我在内，文化层次都不太高，很容易对包装设计的理解不到位，所以导致整个行业的水平不高。第二，来自英美的设计需求突然暴增，我们的设计师未必能接得住，因为我们现在的进步水平有限。我根本不担心人民群众对包装设计的接受程度，也不担心甲方的水平，但我们设计师的水平却有待加强。第三，包装设计行业在高速发展过程中遇到了产业性障碍，我也在一篇论文中专门提到过这点。只要某些事情对行业的某些人有利，他们就不惜对前后端或供应端进行伤害。比如，目前包装没有全部交由专业设计师来做，有一些交给了印刷厂。我所了解的一些印刷厂就提供免费设计，以此提高订单量，而他们的水平可能比设计师要低。从长远角度来看，这是一种跨行业伤害。

与甲方沟通是让很多设计师头疼的事情，您认为什么样的沟通才是有效的？在这方

面有什么经验分享吗？

大家不要把甲方看成洪水猛兽，甚至把甲乙两方树立成一种很疲惫的关系。我曾跟我成为朋友的几个甲方聊过一个问题：好产品到底是怎么出来的？我认为沟通起到了很重要的作用，甲乙双方需要站在某个认识论和方法论基础上，进行对事物的理解。而且设计师要在沟通良好的基础上，在自己的专业领域进行再创造。甲乙双方可以是相互激发的关系，这样才能有助于作品的输出。

我觉得时代在不停地变好，我其实很少说"甲方"这个词，我称他们为需求方或品牌持有者。他们的进步非常快，而且有足够的能力和智慧去进行平等和有建设性的沟通。需求方不是以折磨设计师为生。对他们来说，一个真正靠谱的，真正能使他们的商业得到更大成功的作品，才是重要的。让你的作品为需求方产生巨大的价值，然后才能谈到你真正的设计价值，这是一个链条。俗语说，"锅里有了，碗里才有"，大家都是在相互影响。

从事包装设计这么多年来，您如何保持自己的设计创造力和灵感？

我有次跟同事聊天，问他们："老潘真的是有特别多的设计才华吗？"其实不是。能做到今天，首先是我非常喜欢这件事，乐享其中。其次，我想把这个事情做成的欲望非常强。我投入的时间精力不比任何同行少，甚至更多。我工作的时间非常早，早上起床的时候，我的首要念头是昨天未解决的问题，有没有更好的解决方法？保持创造力也有方法，比如你暂时还无法找到解决方法时，千万不要死磕，可以退出来，重新去看待它。

我经常说灵感都在路上。当你带着一个课题的时候，任何东西都有可能激发你

的想法。所以我觉得保持敏感也是很重要的事情。我曾经有一场演讲的主题是"保持敏感、保持外行、保持年轻"。虽然把设计师细分到小的专业领域是没有错的，但我不想将自己限制住。对我而言，每一次都是新鲜的课题，才更刺激。

如果设计师想加入您的工作团队，需要具备哪些能力和素质？

我不在乎设计师是哪里毕业的，还是要拿作品说话。哪怕是抽象、试验级的作品都没关系，这能看出他的能力。基础能力真的要非常扎实和稳健，我想看到一个比较有说服力的作品集。但以我的经验看，能做好的都不多。我经常说三排字会体现一位设计师的水平，甚至都不用翻页，看封面就能知道水平怎么样。

我的建议是，如果有时间，好好地做自己的作品集，这一定能反映出你对这个事情的认真程度，或者是天赋。无处不包装，你的作品集就是个人的包装。

您觉得什么样的包装设计，能有助于产品热销？

虽然鼓励大家各种想象，但我认为包装设计还是要做到实处。包装在试验和最终能大批量生产之间，有很长一段路要走。停留在脑袋里或在纸面上的想法，我认为都不是想法。最终被执行出来，甚至被大量应用的，才是最终的想法。

一个好的作品到底是什么样的？我会这样形容：能让人第一眼看到时就脱口而出"天啊"，一个好的作品是不需要被解释的。英国建筑师戴维·奇普菲尔德说过，当你必须解释这个建筑为什么好的时候，就说明它不够好。无论是设计作品还是艺术作品，都有一个共性：必须打动人。我在实际工作中，尝试过好几次直接给需求

方看作品。如果你连对方都打动不了，就别指望打动千千万万的消费者。大家都愿意为好的设计买单。

打造国民零食第一股

松鼠创意设计院

///

松鼠创意设计院是三只松鼠内部的全域型创意团队，自成立起便一直为三只松鼠提供创意服务，全权负责三只松鼠近10年来的品牌打造、包装设计、电商设计和商业空间设计等创意工作。由团队设计的三只松鼠·中国年礼盒，曾获全网坚果礼包销量第一；婴童零食品牌——小鹿蓝蓝，上线22天便一举成为天猫婴童零食类目销量第一，并荣获天猫金婴奖新锐品牌；还有多款产品包装获中国设计之星奖并入围世界设计之星。

松鼠创意设计院负责人鼠无形

从创意到落地，你们为一款新产品设计包装的时间和流程大概是怎样的？

目前一款精品我们最快可以做到10~15天交付，这在行业中已经算是极高的交付水平了。在收到包装设计需求后，我们的商务人员首先会对需求进行识别和筛选，整合为一份高度浓缩的简报，供需求方和创意人员共创讨论。在整个设计过程中我们非常注重策划师、插画师、设计师的密切合作。同时也会注重引入外部视角，在方案最初的"方向过会"以及设计完成后的"终稿过会"中给予客观意见。

之所以能够做到这么高效的交付，我觉得主要原因有两点：第一，我们是甲方团队，更了解自己的业务逻辑，因此能够很快地理解需求和正确表达；第二，我们在过往的业务中累计了很多创意模型，比如包装三问、字体三式、品牌配色观、集体潜意识等，这让我们在创意过程中少走了很多弯路，确保以最快路径到达目的地。

三只松鼠被誉为"国民零食第一股"，获得了消费者的广泛认可和喜爱，你们认为包装设计为品牌的成功起到了什么样的作用？

我们认为，在品牌成立之初包装设计就是战略，三只松鼠当初凭借差异化"牛皮纸＋松鼠线稿"包装，在一片同质化包装中脱颖而出，建立起品牌。在近期的"金牌战略"中，我们将金牌符号融入核心的包装设计，将包装作为免费的广告位，传递三只松鼠是"连续五年中国坚果销量第一"的品牌心智。我们认为包装是品牌最重要的传播载体，千万不要忽视包装对塑造品牌的重要贡献。

三只松鼠的包装设计会重点关注哪些方面的内容？

针对坚果品类，我们更注重品牌心智[1]的露出和统一，所以你可以看到从三只松鼠成立以来，我们的经典大头装一直是"牛皮纸＋松鼠线稿"的主视觉，并且坚果礼盒上有大Logo露出。坚果系列包装均有严格的设计标准，为的就是在传播中保持品牌心智的统一。

而针对零食品类，我们更注重有没有在设计中将产品的特性或卖点表达清楚，有没有在市场中找到具有竞争优势的视觉机会，并且在设计完成后以消费者视角重新审视创意，避免陷入设计的自嗨中。其他的诸如像设计的原创性、创新性也是我们重点关注的内容。

近年来，大众对零食包装的关注度越来越高，不少品牌靠包装设计出圈、带货。你们认为三只松鼠包装最核心的竞争优势是什么？

首先，最大的竞争优势就是我们掌握了包装设计的关键方法和理论模型，例如结合定位理论让包装设计在市场上更有效。另外，长期以来我们对设计心理学有深入的研究。例如，同样的产品在描述它的特性时，有时换个顺序都会给消费者完全不同的感受，也直接影响购买决策。因此，要想做好设计，我们认为光研究美学是不够的，还要不断研究消费者的内心。其次，我们觉得三只松鼠的包装之所以在行业中保持独特，是因为我们设计的松鼠IP形象。它的独特性就是和其他产品包装最大的差异，这让我们的包装拥有更多的可能性和内容。尤其是IP自带的可爱属性，能让人一眼注意和喜欢上，这对品牌来说是莫大的财富。

[1] 指用户对企业、品牌、产品的惯性心理认知。

松鼠 IP 形象深入人心，在旗下包装上都能见到它们的身影。你们是如何根据产品来设计和使用 IP 形象的？可以举一些例子说明吗？

一般我们都会先根据产品特性以及消费人群等做全面的分析，得出松鼠 IP 形象和产品的契合点，以及确定 IP 与产品、品牌的互动形式。例如针对高端礼盒类设计，可能会使用线稿插画和一些设计元素的结合；针对儿童零食可能会使用 3D 松鼠形象结合厚涂插画进行创意设计。

大家也可以看到松鼠 IP 形象在一些包装视觉上不够统一，这主要是由于过去三只松鼠的业务井喷式发展，导致 IP 形象在包装以及各种传播渠道的应用方式不一，在一定程度上阻碍了品牌在消费者心中统一的 IP 形象。目前我们正在升级品牌 VIS 手册，进一步明确设计相关规范，以确保后期 IP 心智的统一。

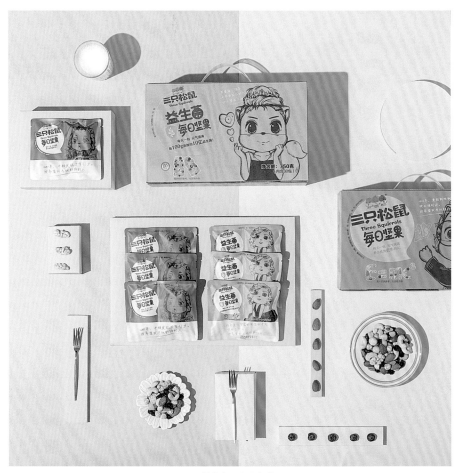

三只松鼠每日坚果包装

你们一直强调"追求极致的用户体验"，可以跟我们分享几款在用户体验方面表现良好的包装吗？说说它们是通过哪些设计细节来塑造用户体验的？

这个还真可以多讲几句，我们以最经典的大头装坚果为切入点吧。通过分析消费者收到产品后的全链路体验[1]，我们在包装中配备了开壳器、果壳袋、湿纸巾、清口糖，这在当时是非常重要的创新，直接塑造了三只松鼠"体验很好"的认知。

再到后来的每日坚果，这是一款由坚果和果干混合的休闲零食。由于果干的水分较高，会影响坚果酥脆的口感，因此市面上常见的解决办法是在包装内放干燥

剂，各个品牌都钻进如何让干燥剂效果更好的死胡同里。而我们首创了分区锁鲜的方式，通过将坚果和果干隔离在同一包装的两个口袋中，吃的时候再撕开中间的封膜，从而让果干坚果混合在一起，创造性地解决了问题，也让同行竞相模仿。基本上现在所有的每日坚果包装都采用了这种分区锁鲜方式。这就是我们所强调的创造性解决问题的思维，绝不能在制造问题的同一思维层面上解决问题。

三只松鼠最先通过电商渠道销售，近年来也在布局线下门店。两种不同的销售模式，对包装设计产生了什么影响？

对于线上包装，我们更注重品牌心智和创意表达，第一眼能不能抓住视觉？能不能给人美的感受？而关于产品卖点特性的表达，更多的是呈现在主图及详情页

包装中间设置了封膜，以隔离坚果和果干，保证食品的口感

中。但线下没有详情页，包装成为除导购外的唯一沟通载体，因此我们的线下包装很注重与消费者沟通的逻辑、效率以及信息的到达率。例如在包装上将主要信息放大，同时多采用很有食欲感的产品实拍图等，这些都会促进消费者的购买。

[1] 这里指供应链物流全链路，供应链物流可分解为时间、空间、作业和职能四个维度；速度流、人力资源流、商品和订单流、资金流、体验流、数据流、技术流和质量流八个流。四维八流可从微观层面研究物流供应链的整体链条情况。

网购仍然是购买三只松鼠的主要途径，产品要通过快递运输才能到达消费者手中，你们在包装上是否会适应运输做相应的设计呢？

这是每个企业都要考虑的问题，我们通常的做法是：首先在包装的选材上，一定选择能够经受快递运输、可降解的环保材质；其次在保护措施上，通过充氮气、泡沫板等措施进行防护。更重要的是，我们有上百个不同尺寸的物流箱，适配不同体积、不同材质的产品组合，以减少包装在快递运输过程的晃动，保证送到消费者手中后仍完好无缺。

你们在设计网站发布的三只松鼠树洞系列的包装设计让人眼前一亮，可以从视觉、结构、材质、工艺等方面，跟我们详细说说这款包装的设计吗？

树洞系列是三只松鼠推出的一款高端坚果产品。在构思包装方案时我们以自然界中松鼠在树洞储藏坚果的习惯为参考，在造型上将包装设计成树洞，不仅与松鼠IP 高度契合，同时符合产品自然、原生态的开发理念。在视觉上，包装真实还原松鼠树洞藏食的场景，暗示品牌保留了坚果的自然本味。在结构上，整体罐型精致小巧，方便携带，不仅可以隔绝空气、水汽，还能锁住坚果的果香。包装的洞口造型即为取物口，消费者食用时仿佛从树洞中拿出坚果，增强了品牌、产品与消费者的互动性。

材质和工艺上，罐身采用马口铁三片罐材质来实现凸起的树洞装的异形效果，表面采用胶印形式高保真还原彩色的树纹纹理。封口采用金色铝模材质，保鲜的同时达到轻巧美观的效果。盖子采用塑料材质，实现以树叶为开启方式的异形一体化盖子设计。

三只松鼠树洞系列包装

三只松鼠在 2022 年春节推出了与紫禁城联名的坚果礼盒，作为一款走高端路线的产品，你们是从哪些方面入手，在包装上体现出价值？

三只松鼠在 2022 年年货节确定了金牌战略，并且需要在全渠道宣传三只松鼠是"连续五年中国坚果销量第一"的品牌，因此这一年的年货高端礼盒我们选择了与紫禁城联名。在创意上以"馋宫折桂"为主题，结合古代科举制度，描述了三只松鼠带着坚果参加紫禁城举办的美食大赛，最终通过层层考核，拔得头筹，契合品牌销量第一的心智。在外盒设计上，通过对紫禁城最具代表性元素——楼宇宫殿的应用，营造金碧辉煌、尊贵华丽的观感。在内盒设计上，我们将 IP 化身为皇家人物，将 IP 角色与坚果特性做融合，通过趣味性文案表现出产品卖点。

成立至今，三只松鼠经历过不少产品和包装视觉的更新换代，在包装设计方面是否有成功的升级案例可以分享？

我们认为，包装升级分为两种路径，一种是因为产品的升级换代，这时包装应该在保留核心视觉资产基础上，做继承式创新；另一种是新产品品类的推出，这时包装就需要做颠覆性创新。

在 2021 年，三只松鼠推出了一款牛奶水果罐头的新产品——奶奶甜，你可以看到它与市面上所有的罐头包装都不一样，我们通过对奶瓶这一集体潜意识元素的应用，将该系列产品的卖点特性直观地表达给消费者，这是在我们对新产品品类颠覆性创新要求下做出来的设计。而在 2022 年我们将松鼠的一款爆品蜀香牛肉升级成了新品牌。由于该产品已经售卖了好几年，累积了一定的视觉资产，因此在新包装上我们选择了继承式创新，保留了这款产品的品类色——黑色，以及牛肉形

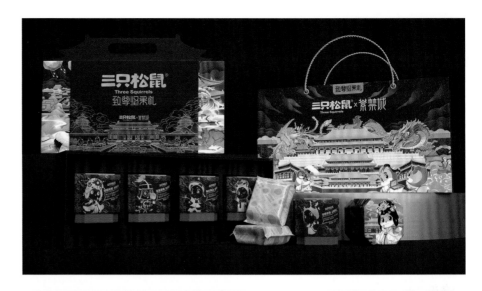

三只松鼠紫禁城坚果礼盒

态，同时结合对主要销售渠道（大型连锁卖场）的分析，选择了以 IP 和该品类没有用过的紫色作为视觉机会，打造差异化视觉优势，这是我们对老品类升级包装所采用的不同设计手法。

你们觉得中国目前的休闲零食包装市场情况如何，未来会有什么样的发展趋势？

当前国力逐步提升，人们的物质生活得到了极大改善，因此国民的审美水平也有了很大的提升。随着新消费品牌的崛起，我们看到市面上好看、原创、国风的包装越来越多。我们的设计也不再盲目模仿日本和欧美，国人逐渐意识到并且想要掌握在中国商业环境下审美的话语权。未来随

着国力的进一步提升，年轻人认同和支持本土文化的趋势不可阻挡。作为在中国商业化进程中成长起来的品牌，三只松鼠有责任摸索出由我们自己定义的国潮、东方美学和高级感。松鼠创意设计院肩负着"让设计成为企业核心竞争力"的使命，以策略驱动设计，通过对"定位"及"传播学"的深入学习、研究和应用，实现在表达"美"的同时解决"功能"的问题。未来我们也将始终致力于推动中国品牌的品牌化、全球化进程，通过创意设计定义真正的国潮美学。

第二章　品牌包装出圈的秘密

✕3.00

情绪符号 × 多平台宣传助力喜茶与年轻人互动

喜茶儿童节限定包装

DF：智力有限设计工作室　CD：容瑢　D：邓雄均　CL：喜茶 HEYTEA

喜茶近年来一直围绕灵感进行创意输出，从空间到包装，一直在极简主义框架下不断探索与年轻人的沟通方式。2021 年，喜茶与智力有限设计工作室展开合作，邀请他们设计了六一儿童节限定包装。在儿童节当天，喜茶的饮品杯、纸袋、杯套等，都换上了智力有限设计的"笑脸新装"，喜茶官方还在微博上鼓励大家带话题＃重拾童真一直灵感＃，晒出这一天收到的喜茶"笑脸"，话题阅读量达 1198 万次。这组限定包装还在小红书、微信等社交媒体讨论火热，不少人都在网上秀出了包装和周边，极简、童趣的设计风格赢得了大家的喜爱。

包装设计过程

客户需求

该项目在最初没有以"儿童节包装"立项，喜茶希望设计师可以不设限地探索极简主义表达的边界与可能性，然后再将包装尝试的结果在合适的节点，以合适的营销活动推出。这是一次甲乙双方合作的新模式。

包装设计调研

设计团队将调研的重心放在了喜茶门店、外卖过程中包装实际应用的场景。茶饮行业的物料种类多且细碎，每个物料的设计幅面较小，而且有常见的搭配模式。比如饮茶时，消费者同时接触到杯子、杯套、吸管；在门店物料陈列处，会放置吸管、勺子、纸巾和杯套。这就需要设计师在做包装时，不仅考虑单个幅面的视觉，还要厘清不同物料可能出现的组合形式，以此确定每个设计幅面之间的交互关系。

他们在这次调研中总结出，在设计茶饮包装时，一方面需尽量规避重复元素的出现；另一方面，降低小幅面设计的局限性，通过多个幅面的整合，将视觉更饱满、更完整地呈现出来。

包装概念的三次探索

在第一版方案中，设计团队期待消费者在看单个包装和整体包装时，都能领悟到设计要表达的想法。比如在这一版的单个包装视觉上，呈现了关于喝喜茶的状态联想，将包装组成系列后，就形成了一条灵感碰撞过程的暗线：多个灵感相遇、交流与融合，发展出新的想法后又各自分散。

包装视觉使用了一明一暗的两条线增

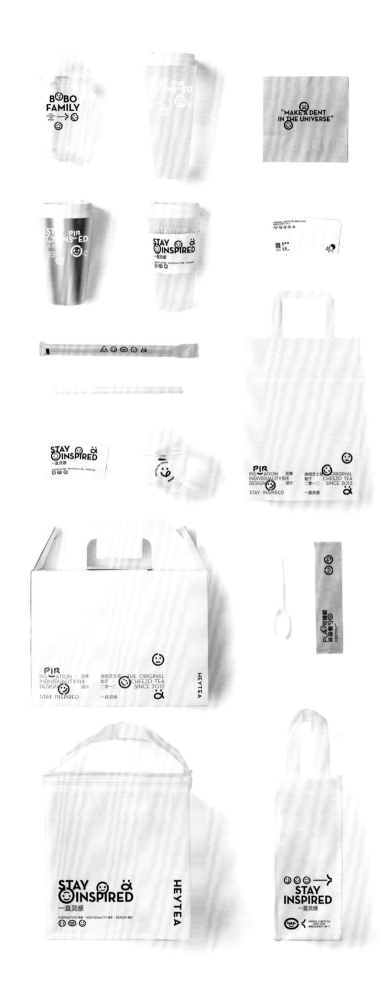

这组儿童节限定包装物料包含冷饮杯、热饮杯、纸巾、杯套、吸管、外卖纸袋、外卖盒、勺子、保温袋等

加设计的层次感，但在呈现上始终觉得不够直接和简单。他们指出，可能是概念太复杂，需要解释太多的原因。

在第二版方案中，设计概念被简化成"灵感是一束光"，并回归到喜茶一贯简单干净的表达上，以版式为主，配合几乎看不出来的字体设计。虽然这一版更接近喜茶的气质，但他们认为缺点在于几乎不与消费者产生任何主动的交流。

在第三版方案中，设计团队重新回到喜茶的极简主义里寻求突破。他们认为，极简主义强调去除一切不必要的表达，实质上是在强调一种对事物本质的探寻——越接近本质的东西，才能越简单。

因此，他们把之前对灵感含义的解释、状态的描述、感受的形容等一两句话说不清楚的概念逐个剔除掉，最后只留下灵感给情绪带来的感知。情绪是人们与世界交流给出的最直接反馈，是不需要解释和学习就能体会到的本能，这就是极简本身。而极简主义一直在构建一种实用和朴实的秩序，所以不免会有些疏离感。

这组包装视觉在工整克制的表达上，加入了一些约定俗成的情绪符号，增加了经常在极简主义中被省略掉的情绪交流，让设计既在极简的框架内，又与这个框架有矛盾和冲突，以此探索极简主义在表达上的更多可能性。

但是他们发现，在许多设计中都能找到类似的符号，因而在表达上显得有些太约定俗成。另外，符号工整的圆圈和标准的上扬嘴角，把快乐的情绪稀释掉了不少，减弱了情绪的感染力。

包装设计概念及特点

在第三版方案基础上，原本构成符号的工整的细线，被一段段更随意的粗线条、更不规则的弯曲形式替换。并且符号断线的地方无规律可循，就像同一个笑脸，不同的人画或同一人在不同时间画，都会有

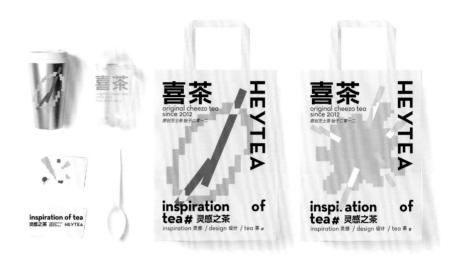

第一版设计方案

第二版设计方案

第三版设计方案

所差别。这是因为设计团队想融合"每个人的快乐都不尽相同，每个人都独一无二"的理念，同时也和工整克制的极简版式形成了对比。

在这组包装的周边上，设计团队希望在设计手法上有一种风格的渐进，因此对具象的符号进行了拆解，得到一些不具备含义的细碎的点和线，再通过随机组合，将它们变成版式的重要组成部分，从而使得本不被注意的局部，变成了视觉的焦点。

周边扇子

周边纸箱

INSPIRATION 灵感 · INDIVIDUALITY 自主 · DESIGN 设计

情绪符号

营销

设计团队表示："包装受到关注和喜爱，应该是三个方面的力量互相成就的。除了平面视觉本身足够简单且方便沟通，两个外因似乎更为重要。"

一方面，喜茶营销活动的助力，让平面视觉和概念从包装的维度延伸到了视频、双微（微博、微信）、小红书等载体，带来了更多与消费者交流的机会，通过聚众让包装的情绪更加丰满。

另一方面，这组包装的成功得益于人们对儿童节本身的美好想象与情感，而包装设计的表达恰好契合了这些感受，从而获得营销效果的加成。

喜茶团队基于包装视觉制作的宣传海报

粉丝晒图

蛋形结构 × 明星效应引爆 Adidas 购买热潮

Adidas Forum Easter Egg Bad Bunny

ACD：Sergio Pinzón　AD+ID：Andrés Moreno　PD：Wilson Zuluaga　CL：Valentina Benitez – adidas

Adidas Originals 是 Adidas 旗下的运动经典系列，该系列在 1984 年发售了 Adidas Forum 篮球鞋，是最经典的鞋款之一。2021 年复活节，Adidas Forum 与著名说唱歌手坏痞兔（Bad Bunny）推出了联名款——Easter Egg，作为数量稀少的粉色球鞋，它一经问世就受到疯狂追捧。与鞋子一同推出的限量 100 个蛋形包装，其别致、时尚气息十足的外观，也为产品赋予了更多魅力。除了坏痞兔本人的号召力，该产品还通过各个领域名人的宣传，提高了影响力。

包装设计过程

客户需求

Adidas 从一开始就有在复活节推出该产品的想法，在鞋子设计基础上，坏痞兔团队提出了将其装在"鸡蛋"里送给世界各地名人的概念。因此包装必须在跨国运送中起到保护作用，而且它的外观要与众不同，让人第一眼就产生巨大冲击力，在颜色和设计方面与鞋子及品牌有连贯性，在开箱时呈现一个漂亮的视觉。

包装设计调研

设计团队研究了复活节传统，希望将设计与节日主要元素的自然形态结合。彩蛋作为复活节的象征性物品，被比喻为新生命的开始，也蕴含着惊喜之意。同时，坏痞兔这个艺名，让人想到代表新生的复活节兔。设计团队还调查了与鸡蛋形态相似的物品，致力于找到最佳的包装结构、开箱形式和鞋子在内部的放置方式。

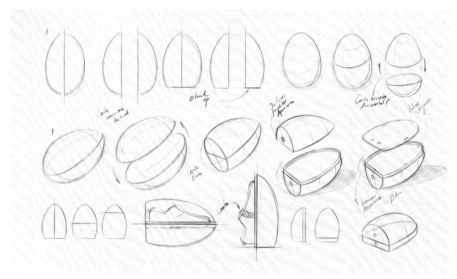

包装设计草图

包装设计概念及特点

包装以"新生命的诞生"的概念，呼应这款新鞋的发售；蛋形结构，让鞋子以惊喜之姿呈现在人们眼前。

在颜色方面，包装与鞋子的色系一致，都采用了粉红色，而且粉嫩的感觉与复活节的春季氛围相匹配。图形设计则保持简约，只在包装正面用丝网印刷印制 Adidas 和坏痞兔的 Logo。

在结构上，两个半椭圆形的"蛋壳"组合成鸡蛋的外观，内部设置四个小的枢轴支撑板，用以放置亚克力板来摆放鞋子，鞋子用一条 3.5 厘米宽的白色针织带固定。包装的底部是平的，以确保它可以立而不倒，其下还有一个圆形底座。包装

Trace PinkF17 AA2M

Nearest pantone
PANTONE 7612 C

包装 Logo 设计和色值

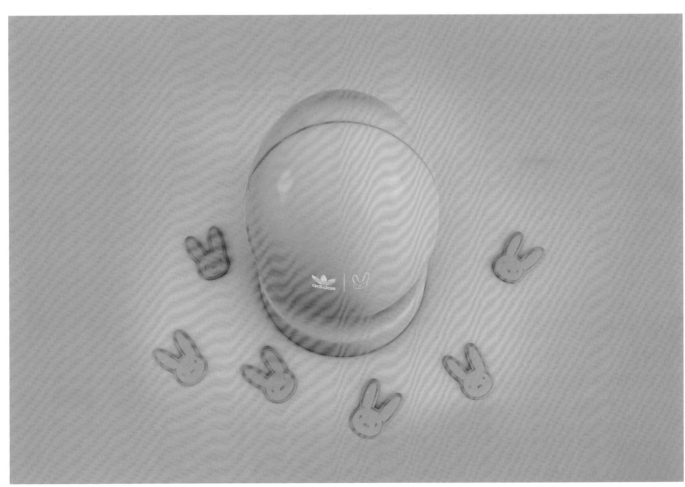

底部和亚克力板各有两个直径为 2 厘米
的圆孔,方便人们伸手指进去开启包装。
为了让它更好地闭合,上下盖都有磁铁。

在材质上,选用了厚度为 0.4 厘米的
粉色亚克力。亚克力的光泽度和展色效果
极佳,大大提高了美感。

在工艺方面,蛋壳使用了热成型工
艺,包装外的圆形底座则用滚塑成型。热
成型工艺可以塑造完美的抛光表面,不会
出现任何凹凸不平。而设计团队采用热成
型的另一个原因是包装生产的时间非常紧
迫,该工艺只需两个木模具就能完成。包

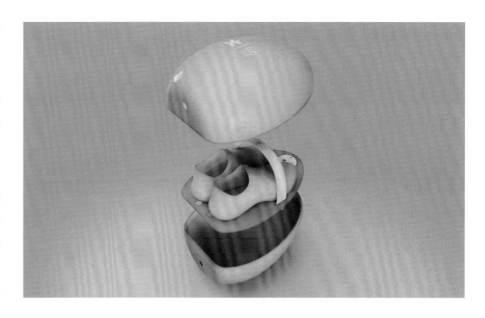

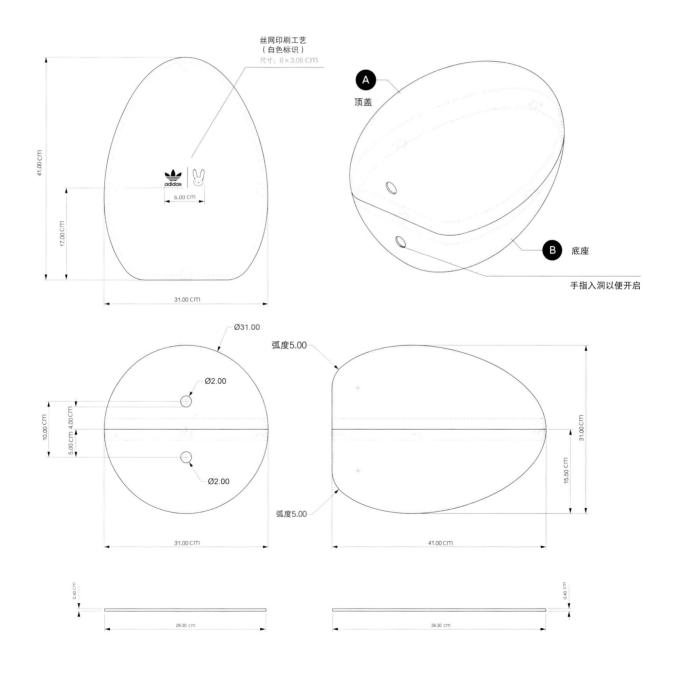

用织物"带"固定鞋,以防移动

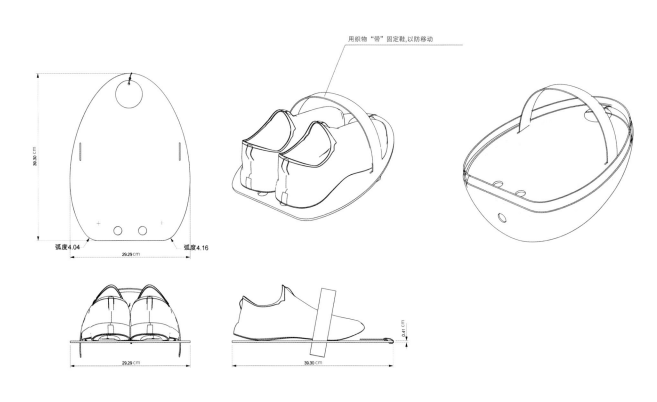

弧度4.04   弧度4.16
29.29 cm

39.30 cm

29.29 cm   39.30 cm

0.41 cm

装中间的亚克力板使用激光切割，并在板的两边切割出两个长方形孔，用来穿入固定鞋的带子。

营销

限量包装和鞋子被送给各个领域的名人，如足球运动员马塞洛·维埃拉、流行歌手卡罗尔·G、音乐制作人塔尼等，通过他们的宣传增加曝光量。许多人都在评论区对这个包装表示了兴趣，其中一条评论为："包装太绝了，在第一眼看到时，我甚至都没反应过来这是个鞋盒，我还以为 Adidas 研发了蓝牙耳机或其他新科技，这个概念真的非常新奇！"

巴西著名足球运动员马塞洛向粉丝展示这款新鞋和包装，他在 Ins 上有 5000 万以上的粉丝

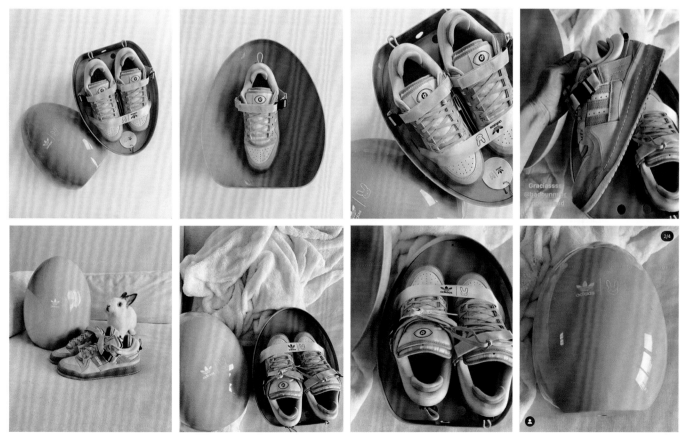

多位名人在社交媒体上晒出鞋子和限量包装

锦鲤视觉 × 美好寓意让锦鲤酒成为送礼首选

今代司酒造锦鲤酒

DF：BULLET Inc.　AD+D：小玉文　CL：今代司酒造株式会社

位于日本新潟县的今代司酒造是著名的清酒酿酒厂，创建至今已有 250 多年历史。其代表产品是锦鲤酒，曾荣获国际葡萄酒竞赛特设的清酒单元银奖。这款酒邀请了设计师小玉文设计包装，绝妙的锦鲤创意让它获得了德国 iF 设计奖、美国 One Show 金奖等 20 多个国际奖项，也为这款酒附加了商业价值，在世界范围内打响知名度。再加上"鲤跃龙门"等美好寓意，让它自发售以来就一直占据今代司酒造的销售榜前列，经常出现缺货情况。

包装设计过程

客户需求

　　锦鲤作为高档观赏鱼，有"水中活宝石""会游泳的艺术品"的美称。日本是锦鲤最大的生产国，而今代司酒造所在的新潟县是备受欢迎的锦鲤养殖地区。设计师小玉文被要求开发一款能够代表新潟县，乃至日本的酒包装。

包装设计调研

　　日本每年都会召开"全日本综合锦鲤品评会"，根据锦鲤体形、花纹等要素选拔出"鲤王"，设计师小玉文调查了过往品评会上备受欢迎的锦鲤种类。锦鲤花纹主要有三种类型：红白，鱼身以白色为主，有红色纹样；大正三色，红白两色中带有黑斑；昭和三色，鱼身主要为黑色，有白色和红色的纹样。其中，红白锦鲤是最流行的品种，它也与日本国旗的颜色相同。在锦鲤比赛中赢得高度赞誉的锦鲤，往往鱼身的正面、背面和侧面之间都有良好的配色平衡。

日本锦鲤 © Asturio Cantabrio

包装设计概念及特点

　　受到比拟修辞手法的启发，设计师将白色玻璃酒瓶比作锦鲤的形状，在上面粘贴锦鲤花纹，并通过外包装的鱼形镂空，瞬间传递出锦鲤在水中游动的形象。

　　在图案方面，以毛笔笔触描绘锦鲤花纹，并且，日本酒包装常用毛笔字写酒名，这款包装上的名字即是如此，但用烫金表现，配合瓶身的红白两色，给人一种庆祝喜事的印象。

　　在工艺方面，由于机器很难在凹陷的瓶颈印刷大块图案，于是锦鲤花纹被分成若干小块印在转印纸上，用水浸泡后再由工人手工粘贴于瓶身，最后在窑炉中烘烤固定。为了体现锦鲤的设计概念，设计师专门与今代司酒造沟通，提出额外添加白色的外包装盒。在包装盒正面，用模切做出鱼尾摆动的鱼形镂空，将锦鲤的形象活灵活现地呈现出来。

营销

　　在这款酒的购买页面，写有一句宣传语——"今代司は「金魚酒」ならず、威風堂々たる「錦鯉」（今代司不是金鱼，

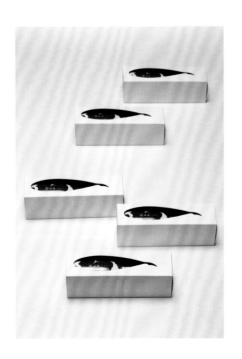

而是威风凛凛的'锦鲤')"。这句话引出了一段日本酒的历史，在战争时期，米非常珍贵，酒厂和店家等人为了多赚钱在酒里掺水，因而当时百姓戏称酒淡得都可以在里面养金鱼了。这句醒目的宣传语让人印象深刻，强调了酒高品质的信息。官网上还罗列了这款酒包装获得的国际奖项，并介绍锦鲤传递着日本的风土人情，整体给人十分高级的感觉，再通过在各种媒体上的展示，打响了产品的知名度。

官网的锦鲤酒销售页面 © 今代司酒造

《新潟日报》介绍今代司酒造 © 今代司酒造

登上 NHK 节目《设计访谈》© 今代司酒造

第三章　包装创意灵感集市

✕60.00

Bnavan 农产品

灵活运用动物插画

★ Pentawards 包装设计金奖 ★

DF：Backbone Branding　BS：Lusie Grigoryan、Nelly Stepanyan　CD：Stepan Azaryan　D：Mane Budaghyan　ILL：
Elina Barseghyan　PH：Backbone Branding、Suren Manvelyan　CL：Bnavan

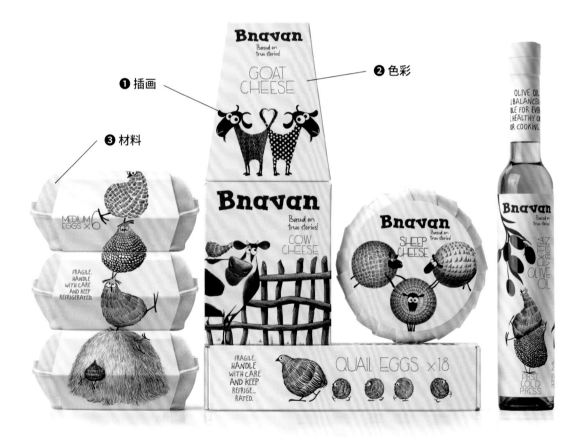

❶ 插画　　**❷ 色彩**　　**❸ 材料**

包装信息

材料：微型瓦楞纸板
工艺：双色胶印

品牌简介

Bnavan 是一个亚美尼亚农产品品牌，主要为长期订购者提供私人配送服务。旗下产品有牛奶、鸡蛋、猪肉、奶酪和特级初榨橄榄油等，均采购自农家，经包装后直接配送，有新鲜、纯天然和高质量的特点。

❶ 插画

　　设计团队创造了一个"自然镇"概念，用插画表现奶牛、山羊、猪和鸡，它们健康快乐地生活在镇上，吃健康的食物，呼吸新鲜的空气，生产纯天然的产品。不同的动物形象被分配在对应的产品线上，还在其他食物包装上"客串"，产生互动构建故事情节，提示消费者在包装上寻找故事线，引起他们订购其他产品的兴趣，帮助该品牌与消费者建立情感纽带。

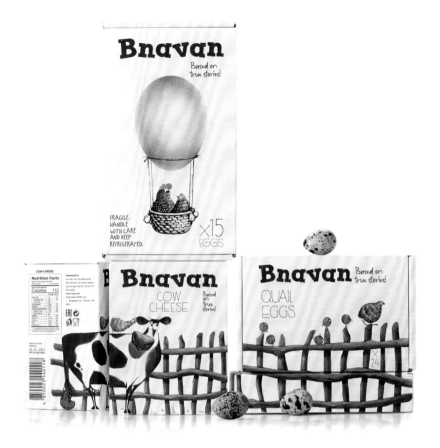

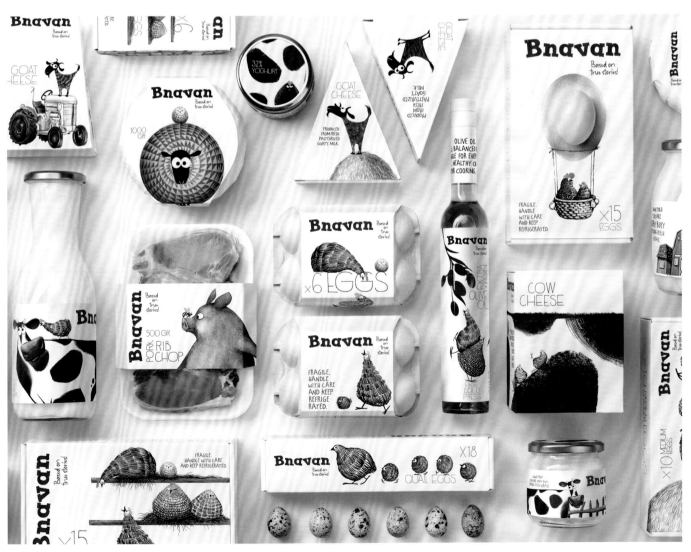

❷ 色彩

包装整体以白色为底色，为乳制品传达了新鲜感和纯净的气息。插画以黑色为主，只在细节上点缀其他颜色，因此印刷成本较低。

❸ 材料

　　鸡蛋包装采用了微型瓦楞纸板，具有厚度小、重量轻、抗压性较高的特点，是非常理想的缓冲材料，有效保护了易碎的鸡蛋，同时微型瓦楞纸板作为纸制品，易于回收再利用。

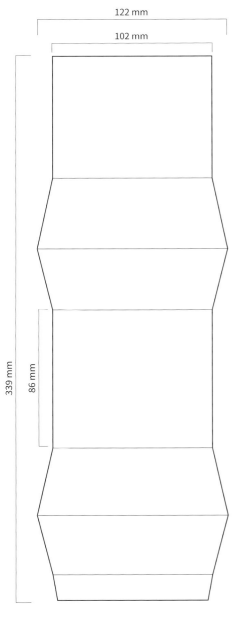

鸡蛋包装结构图

BONBO 儿童餐具

用不规则图形表现孩子气

★ 日本包装设计协会铜奖、Topawards Asia设计奖 ★

DF: OUWN　AD+D: 石黒笃史　CL: KINTO

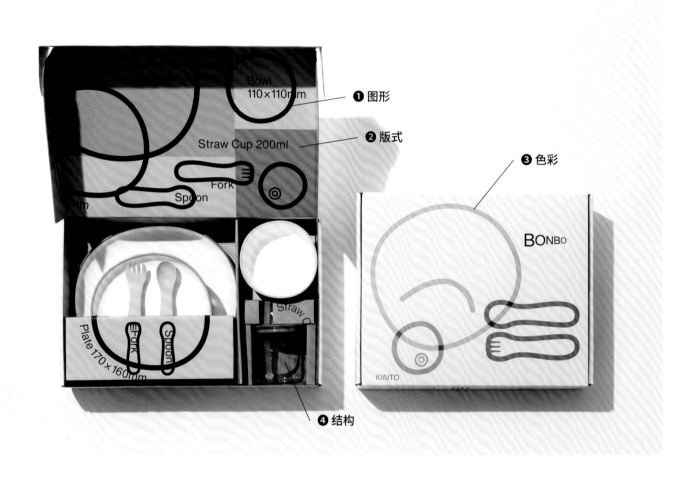

❶ 图形

❷ 版式

❸ 色彩

❹ 结构

包装信息

材料：硬纸板

工艺：四色印刷、覆哑光膜（PP 材质）

品牌简介

BONBO 是日本厨具 KINTO 旗下的幼儿产品线，旨在为儿童在日常用餐中创造有趣的回忆。餐具由耐用材料制作，不规则且圆润的形状使外观看起来简单，但又不失独特，适合作为礼物送给有孩子的家庭。

❶ 图形

设计师用粗犷的线条，模拟孩子用蜡笔画的餐具不规则且圆润的轮廓，激发人们对包装里物品的想象，从而引导亲子间的对话。

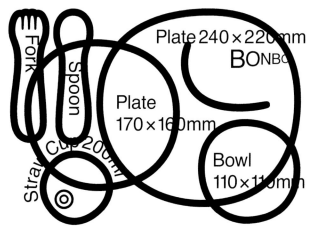

❷ 版式

包装盒的底部和侧面标上餐具的尺寸信息，并尽可能大面积、大胆地堆积和重叠，在排版时注重留白的美感，借此表达孩子想法的出其不意，以及单纯和大胆的行为。

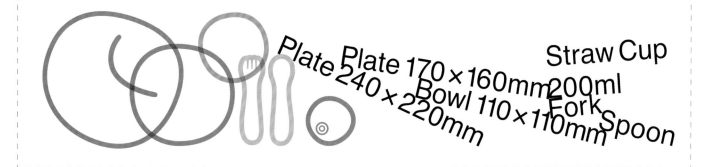

❸ 色彩

采用蓝、黄、橙三色为主色，底部图形受到孩子们喜欢的户外活动的启发，使用黑色代表餐具在阳光照射下的影子，表达孩子的纯真、活力和能量。

C 30 M 6 Y 18 K 7　　　C 7 M 24 Y 52 K 17　　　C 18 M 50 Y 50 K 0

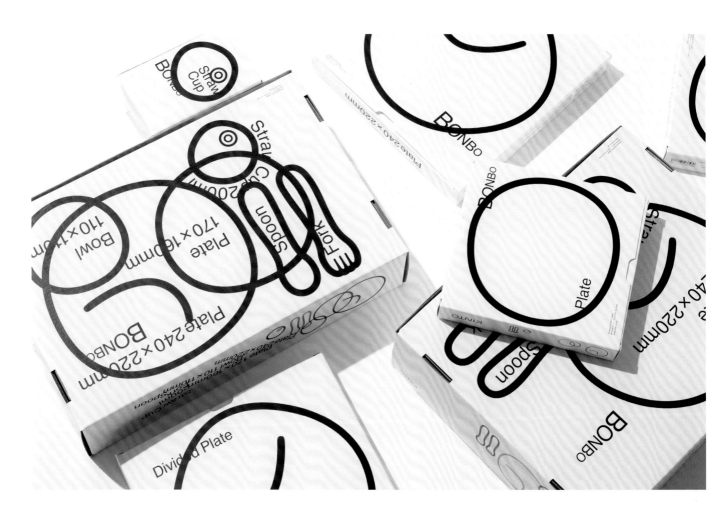

❹ 结构

设计师按照人们实际使用时的摆放习惯，有序地规划包装内部空间，用纸隔板隔开餐具起到固定作用，就像在展示物品般提高消费者的开箱体验。

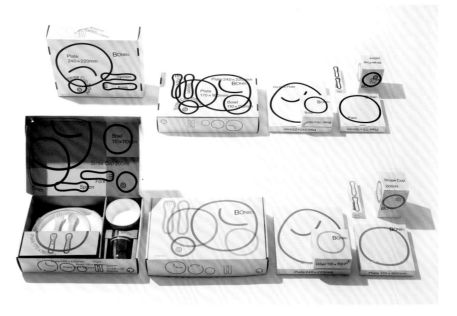

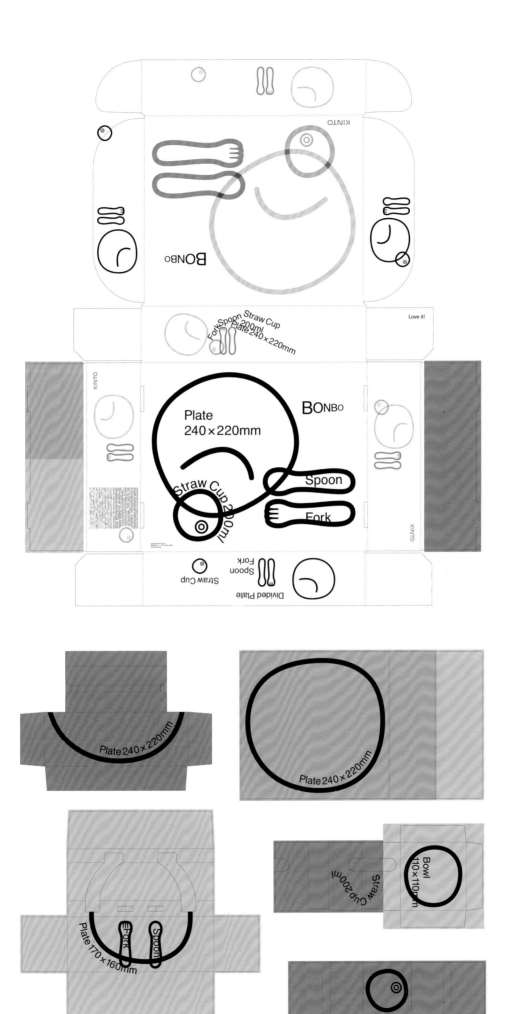

Nibbo 巧克力

个性化的博物馆档案盒

★ GDC 设计奖、东京 TDC 奖、金点设计奖、Topawards Asia 设计奖 ★

DF：lowkey design　　CD+D：陈洁茹　　CL：Nibbo bean to bar chocolate

❶ 结构

❷ 插画

❸ 版式

包装信息

材料：Fedrogoni 环保艺术纸
工艺：烫黑金

品牌简介

Nibbo 巧克力品牌创立于上海，名字源自巧克力的核心原料——可可豆碎（Nibs）。创始人希望在中国推行 Bean to Bar 精品巧克力。Bean to Bar 理念最早出现于欧洲，指从可可豆到巧克力排块的生产模式。制作者从挑选可可豆开始，全程参与巧克力的手工制作，这与商业量产模式区别开来。Nibbo 从全球高质量可可豆产区采购原料，制作单一产区巧克力，凸显每个产区豆子独有的风味。

❶ 结构

　　设计团队认为 Nibbo 的每款巧克力都有鲜明的风味,让整个品牌就像一座"风味博物馆",藏着许多惊艳味蕾的体验。因此,包装盒采用迷你档案盒的结构,寓意让巧克力爱好者们在这座博物馆里收集各种风味档案。

　　正面的插卡口设计了一条微笑的弧线,旨在传递品牌希望给大家带来幸福感,笑口常开。打开包装,映入眼帘的是一句话:"你值得这块更好的巧克力。"

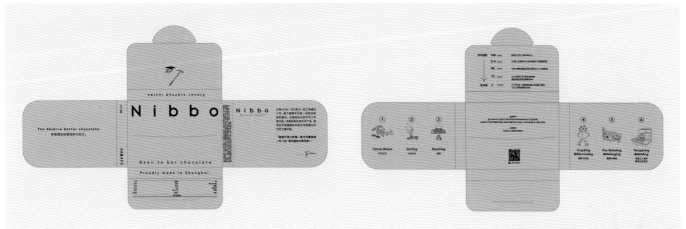

❷ 插画

　　包装内侧用插画展示该品牌巧克力的制作流程，让消费者快速了解到 Bean to Bar 理念，背面则是与可可豆相关的幽默小插画。

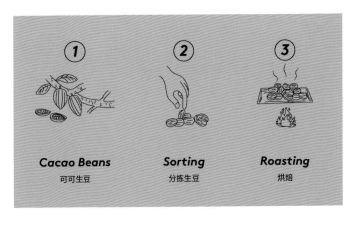

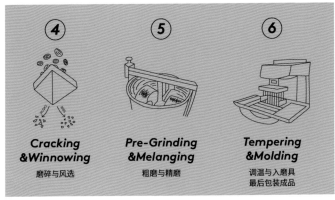

① Cacao Beans 可可生豆	② Sorting 分拣生豆	③ Roasting 烘焙
④ Cracking &Winnowing 磨碎与风选	⑤ Pre-Grinding &Melanging 粗磨与精磨	⑥ Tempering &Molding 调温与入磨具 最后包装成品

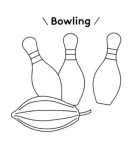

\ Bowling /

GO!

❸ 版式

参考博物馆收藏标签的样式设计"风味卡片",版式遵循了基础的网格系统规范。

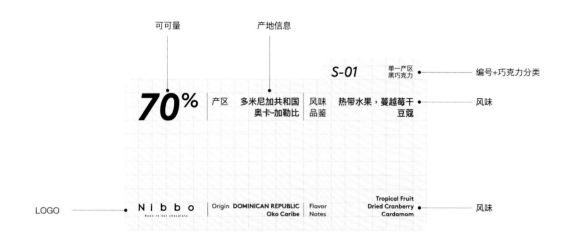

Ateria Collections 珠宝

手握整个闪亮的星空

★ 美国 MUSE 设计奖金奖 ★

DF：Bracom Agency　CD+D：Andy Ho　D：Pim Truong、Tiep Nguyen　PM：Van Duc Hoa　CL：Maytum Enterprise

包装信息

材料：全息纸

工艺：丝印、击凸、激光雕刻

品牌简介

荷兰珠宝品牌 Maytum 发售了 Ateria Collections，全套产品包含戒指、手镯和项链，分别装在 3 个小盒子里，献给喜欢 Maytum 品牌的时尚人士。

❶ 材料

星星闪亮如宝石，设计团队从中获得灵感，将星空的概念呈现于包装上。外盒如夜空般漆黑，上下盒之间露出五颜六色的装饰线。这些美丽的颜色来自内盒表面覆盖的全息纸，可以根据周围的光线条件改变颜色。把这样的珠宝盒拿在手里，犹如拿着一份奢华的、被施予魔法的礼物，让消费者在购买该品牌珠宝时更加自豪，展现不俗的品位。

❷ 工艺

盒子正面丝印图案，代表对应的珠宝首饰，还在图案部分应用了击凸工艺。侧面用激光雕刻工艺展现 Logo 和闪光符号，如此一来，消费者就可以通过镂空部分看到里面华丽的颜色。

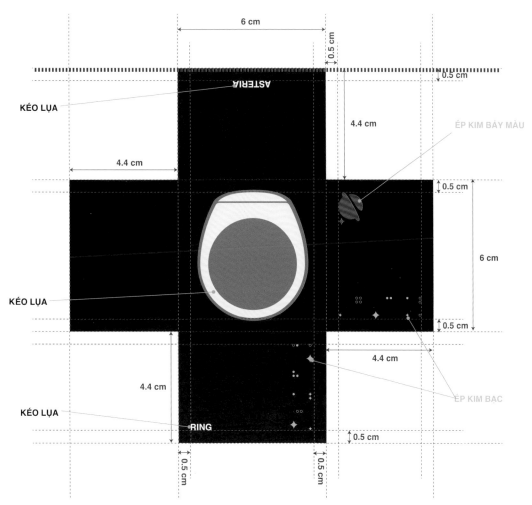

CF18 Chocolatier 巧克力

融合创始人的工科气质

★ Pentawards 包装设计金奖、Visuelt 金奖、英国 D&AD 木铅笔奖、欧洲设计奖铜奖 ★

DF：OlssønBarbieri　　CD+D：Erika Barbieri　　D：Henrik Olssøn　　CL：CF18 Chocolatier

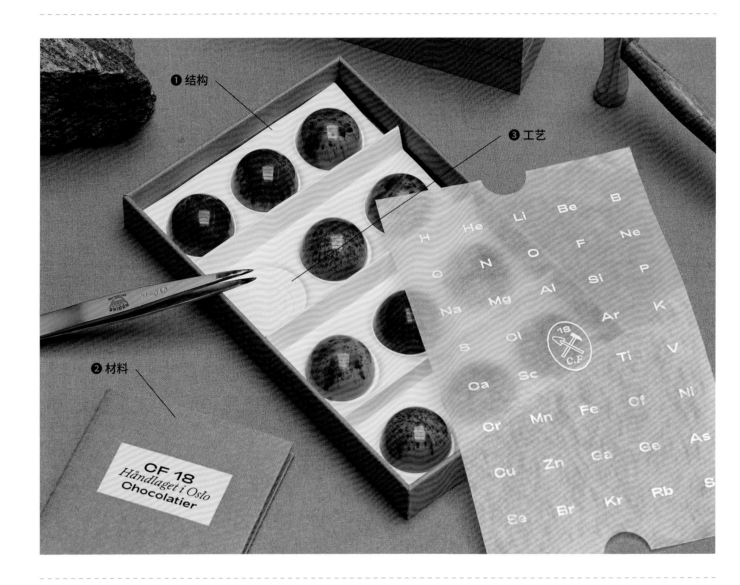

包装信息

材料：Eska 纸板、森林管理委员会（FSC）认证的
　　　FibreForm 纸、
　　　100% 人造纤维（再生纤维素纤维）纺织布料、
　　　玻璃纸
工艺：素击凸、压凹、烫印

品牌简介

挪威人克里斯蒂安·弗雷德里克·菲吕霍尔门曾经是一名土木工程师，后来他决定去伦敦蓝带学院学习，实现自己巧克力师的梦想。2018 年回到挪威后，他创立了自己的巧克力品牌 CF18 Chocolatier。

❶ 结构

设计团队从创始人学习的土木工程和巧克力中寻找共同点。土木工程有机会接触到各种石料。挪威岩石多，比如花岗岩是岩浆在地下深处经冷凝形成的深层酸性火成岩，它从液体转变为固体的过程，与巧克力熔化和回火所经历的物理和化学过程相似。

地质博物馆展示石头收藏品的方式，也给予他们关于结构的灵感。在展示柜中，每块石头都被放在隔间内，让人联想起巧克力盒。于是，内包装以 3 块装的模板为基础，通过组合模板，可分别容纳 6 块、12 块、24 块巧克力。

外包装设计一条 360 度撕开的纸拉链，撕掉拉链抽走外盒，然后拿开玻璃纸、小册子，就能看到巧克力。这种逐渐露出内部的充满仪式感的设计，将打开包装的过程升华为具有观赏性的时刻。

描绘地质博物馆展示柜的画作

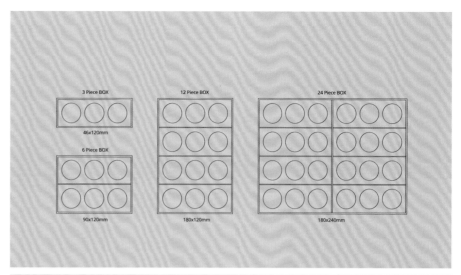

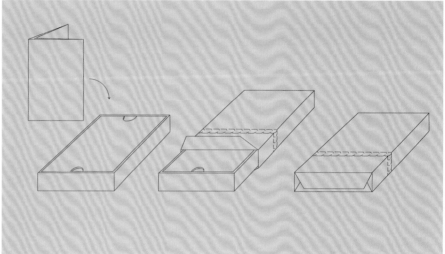

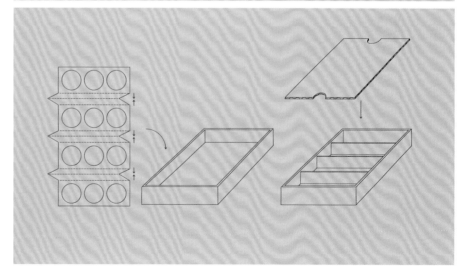

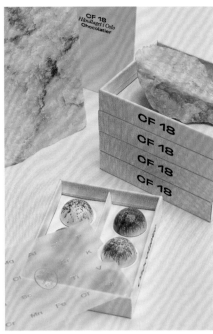

6 块装巧克力

12 块装巧克力

24 块装巧克力

❷ 材料

在一般的巧克力商业包装中，内包装常用塑料做托盘装巧克力，然而这里使用的是 100% 可回收 Eska 纸板制作。内包装盒的表面覆盖与巧克力颜色相似的纺织布料，并在里面放置固定巧克力的内嵌、软垫纸和烫银的化学公式玻璃纸，以确保巧克力在运输过程中保持原位。包装里还附上一本介绍品牌故事的册子，同样用纺织布料制作封面。

外包装盒与内嵌使用 FSC 认证的食品安全纸、无涂布纸 FibreForm，这是一种可再生和可生物降解的塑料代替品，用冷成型工艺加工成型，因此在制作过程中消耗的能源比塑料要少。此款纸的另一个优势是允许压凹的深度是普通纸张的 10 倍，从而产生独特的 3D 视觉效果和令人难忘的触觉体验。

❸ 工艺

外包装盒使用素击凸，内嵌使用压凹。为了让盒子有二次生命，没有使用便利的胶水来固定包装材料，而是将它们都送到瑞典组装。

4Life 矿泉水

描绘动物与水的自然互动

★ Dieline Awards 包装设计奖金奖、德国 iF 设计奖、红点奖、意大利 A' 设计大奖金奖 ★

DF：Prompt Design   CD+AD：Somchana Kangwarnjit   D：Nuttawuth Luengwatthanakul   CL：Doi Chaang Coffee Original Co.,Ltd.

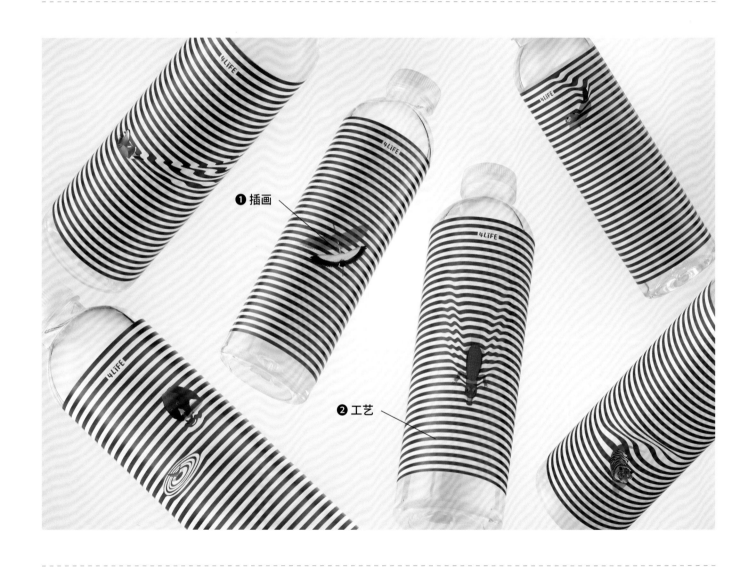

❶ 插画

❷ 工艺

包装信息

材料：PET（涤纶树脂）
工艺：凹印

品牌简介

泰国矿泉水品牌 4Life 的水源来自清莱，那里有郁郁葱葱的森林和富饶肥沃的土地，优越的自然环境造就了纯净的水质和口感。4Life 希望通过这款水向消费者传递爱护环境和保护野生动物的理念。

❶ 插画

　　包装设计旨在向矿泉水的水源地表达敬意，增加人们对这一自然栖息地和环境的了解。瓶身标签的插画展现了动物是如何与水生活在一起的。重复的线性图案在遇到动物时产生变化，看起来就像动物掀起的涟漪，在平面上塑造立体感。

❷ 工艺

　　标签应用凹版印刷工艺，由于该工艺印刷的色彩稳定、色调丰富、颜色还原准确，所以常用于塑料薄膜和标签。这一系列标签经由凹版印刷呈现了生动的色彩。

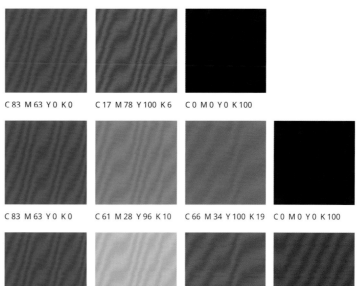

C 83 M 63 Y 0 K 0　　C 17 M 78 Y 100 K 6　　C 0 M 0 Y 0 K 100

C 83 M 63 Y 0 K 0　　C 61 M 28 Y 96 K 10　　C 66 M 34 Y 100 K 19　　C 0 M 0 Y 0 K 100

C 83 M 63 Y 0 K 0　　C 25 M 25 Y 40 K 0　　C 35 M 60 Y 80 K 25　　C 40 M 65 Y 90 K 35　　C 40 M 70 Y 100 K 50

Vintage Camellia 彩妆

展现韩国流行的 Newtro 风格

D：Mirae Kim　CL：Etude House

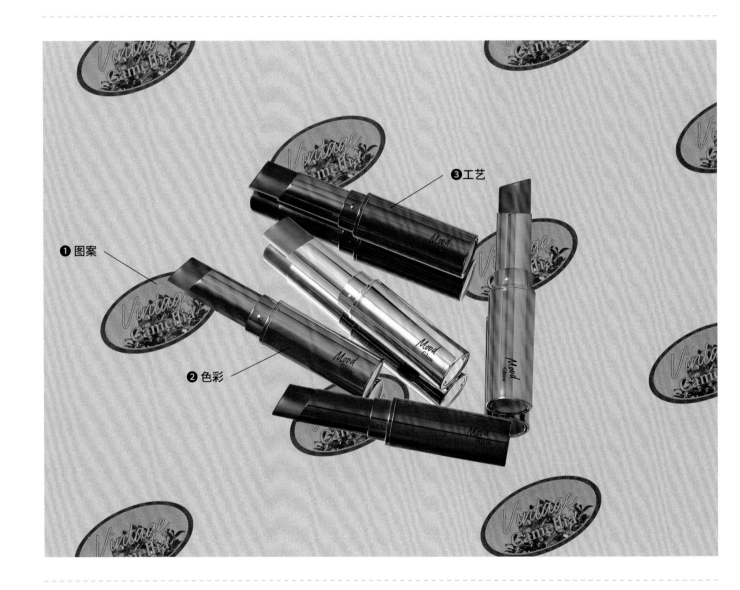

❸工艺

❶ 图案

❷ 色彩

包装信息

材料：ABS 塑料

工艺：热转印、金属涂层

品牌简介

韩国漫画《女神降临》讲述因外貌感到自卑的女生任朱静，通过化妆改变自己，获得真爱的故事。
这部漫画吸引知名彩妆品牌 Etude House 与其合作，推出名为 Vintage Camellia 的冬季彩妆系列，
以漫画主人公任朱静为宣传形象。彩妆共包含一盘 6 色眼影盘和 5 只口红。

❶ 图案

　　该包装设计灵感来自设计师 Mirae 对奶奶抽屉物品的回忆，例如花朵图案的围巾、毛衣开衫和珠宝盒。眼影盘主视觉使用红色花朵图案，周围用金色的针织线条框住，宛如缝在奶奶毛衣上的标签。这种发掘过去，使用旧物件元素进行设计的方式，迎合了韩国当下的 Newtro 潮流。"Newtro"是"new"（新）和"retro"（复古）组合的新造词，它不是简单地再现过去，而是对复古元素进行重新诠释，深受韩国年轻人追捧。

❷ 色彩

　　以勃艮第红为主色调，这是一款因法国出产的勃艮第酒而得名的红色，饱和度低，且略微接近紫色或棕色的红色，因耐看具有深沉感，为该彩妆品牌烘托出冬季复古的氛围。唇膏外壳使用几种不同的暗红色调，与眼影的颜色相协调。字体、花瓣边缘使用玫瑰金，与勃艮第红形成对比，突出存在感，增强闪闪发光的效果。

Pantone 1955C　　Pantone 704C　　Pantone 9208C　　Rosegold Foil
（勃艮第红）

❸ 工艺

眼影盘的图案先后覆盖透明薄膜和银色薄膜，能在每朵花瓣上看到闪光点。图案的印制使用热转印技术，口红外壳则用金属涂层。

绿光茶园有机茶

对茶渣的循环利用

★ 意大利 A' 设计大奖金奖、美国 MUSE 设计奖金奖 ★

DF：一本设计工作室　　D：方仁煌　　ILL：邱莉淇　　CL：绿光茶园

❶ 材料

❷ 插画

包装信息

材料：茶渣环保纸

工艺：环保油墨印刷、烫雾金

品牌简介

绿光茶园位于中国台湾坪林区，当地土壤偏酸性，排水性与透水性皆佳，四季有雨，因而适宜种茶。
绿光茶园创始人采用有机种植方式，为消费者提供优质茶叶并呼吁保护环境和动物。

❶ 材料

包装外盒用纸由一本设计工作室参与研发，他们使用喝完不要的茶渣，制成了这款环保再生的茶渣纸。在制作过程中，他们多次与纸厂就茶渣的碎叶单位大小、纸张颜色深浅和厚度等进行讨论。包装通过用纸，展现了该品牌保护环境的理念，对废弃物的二次利用也传递了人文质朴的味道。

茶渣纸的制作过程

❷ 插画

主视觉插画描绘坪林区的四种珍贵动物：鹪、山羌、蓝腹鹇、翡翠树蛙，并融入当地有名的云海、深山、树林和溪水景色，使用环保油墨印刷。整体视觉呈现与自然共生的意境，寄托着品牌期许消费者在品茗之余产生对环境的美好认同感。

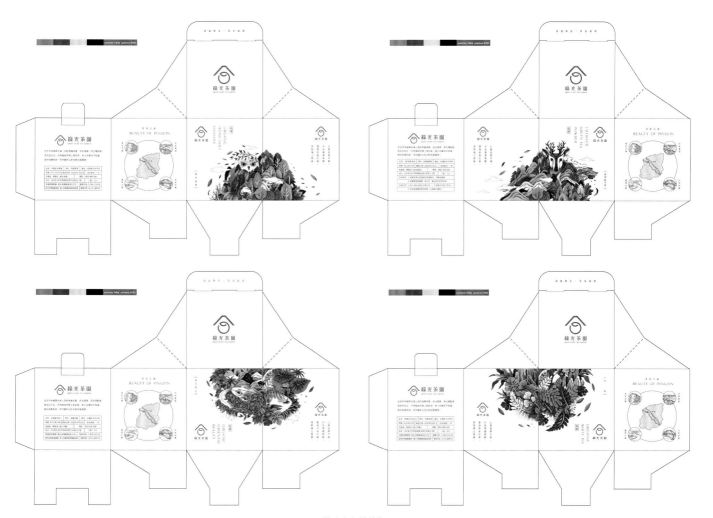

茶叶盒包装结构

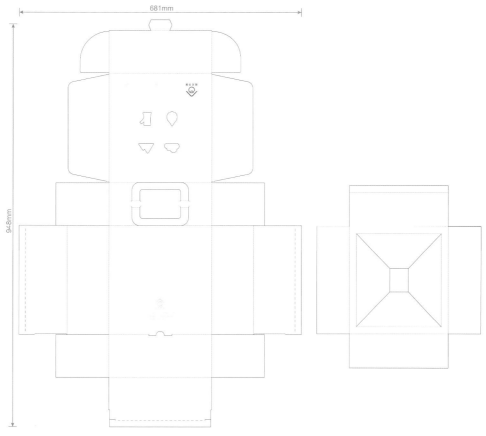

手提盒包装结构

pino shortcake assort 冰淇淋

可手工制作的纸扭蛋机

AD：TOPPAN INC.　D：清水彩香　CL：森永乳业

❶ 结构

❷ 色彩

❸ 字体

包装信息

材料：白色纸板（350克）

工艺：胶印

品牌简介

森永乳业旗下的 pino 冰淇淋诞生于 1976 年，是日本最受欢迎的冰淇淋之一。它形状小巧，外表有巧克力涂层，可一口一个。为了在寒冷的冬天激起人们对冰淇淋的兴趣，pino 特别发售 shortcake assort（什锦奶油蛋糕）冰淇淋，有草莓、奶茶、香草三种奶油蛋糕口味，也通过"assort"的集合含义，让人产生派对的联想。

❶ 结构

　　设计师将日本街头常见的扭蛋机再现于包装上，人们只需购买两件 pino short-cake assort 冰淇淋，按照背面的说明将包装纸裁剪、组合，就能手工组装成"Pino 扭蛋机"。在设计过程中，设计师对组装难度进行过多次测试，让大人、小孩和不擅长手工的人稍微努力就能成功，从而在 DIY 过程中产生成就感，激发他们向周围人分享的兴趣。

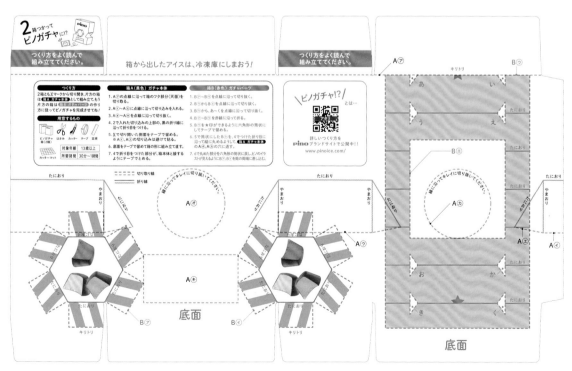

❷ 色彩

pino 冰淇淋包装的代表色本是红色，但此次为了表现新产品的特点，给喜欢可爱零食的年轻人惊喜，这款包装以薰衣草色为主，与 Logo 和草莓的红色，以及奶油的白色搭配得当，营造有趣可爱的氛围。

C 12 M 32 Y 0 K 0
R 225 G 188 B 216

C 28 M 59 Y 0 K 0
R 190 G 124 B 178

C 0 M 100 Y 100 K 0
R 230 G 0 B 18

C 0 M 0 Y 100 K 0
R 255 G 241 B 0

❸ 字体

在 Logo 字体 "pino" 中的 o 上放了一顶奶油帽，使之看起来有趣。文本用的是手写体，并在扭蛋机的制作说明部分使用加粗的圆体，塑造亲切、活泼的印象。

郡上八幡天然水汽水

展现日本传统的郡上舞

★ 日本包装设计协会金奖 ★

DF：Ono and Associates Inc.　D：小野彩子　ILL：岩田智代　CL：郡上八幡产业振兴公社

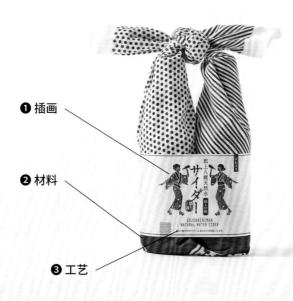

❶ 插画

❷ 材料

❸ 工艺

包装信息

材料：棉质手巾、纸板
工艺：丝印、胶印

品牌简介

郡上八幡位于日本岐阜县，是一座历史悠久的城下町[1]，号称拥有全日本最干净的水，所以有"水之城"之誉。郡上八幡还以郡上舞闻名，每年的7月到9月，居民们都会在晚上举办舞会，一起跳郡上舞，吸引了数以百计的游客。当地的产业振兴公社结合地方特色，制作了"郡上八幡天然水汽水"纪念食品，帮助推动经济。

[1] 以诸侯的居住地为中心发展起来的城镇。又称城关镇。

❶ 插画

在郡上舞文化保护协会指导下，插画师参考舞蹈的 10 个舞段，描绘人们手握汽水跳舞的身姿作为包装视觉。郡上舞非常简单，基本都是手和脚的重复动作。

げんげんばらばら

三百

かわさき

春駒

DIC - N - 820
C:56 M:40 Y:100 K:54

DIC - N - 899
C:97 M:100 Y:38 K:20

DIC - N - 938
C:24 M:100 Y:54 K:0

DIC - N - 762
C:53 M:75 Y:95 K:26

まつさか

ヤッチク

猫の子

さわぎ

甚句

古調かわさき

DIC - N - 894
C:100 M:38 Y:0 K:62

DIC - N - 937
C:19 M:93 Y:33 K:0

DIC - N - 747
C:9 M:56 Y:99 K:0

DIC - N - 920
C:45 M:78 Y:13 K:0

DIC - N - 833
C:43 M:23 Y:100 K:22

DIC - N - 912
C:82 M:95 Y:52 K:37

❷ 材料

表演郡上舞时，人们会穿着夏季和服"浴衣"，在脖子上挂一条棉手巾。2 瓶包装就利用了棉手巾包裹瓶身，并将多余的部分于顶部打结，最后加一张长条包装纸固定。手巾上印制圆点和条纹的经典浴衣纹样，以提高包装的纪念价值。5 瓶包装则使用纸板材料，设计一种能让 5 瓶汽水并排放置的结构。

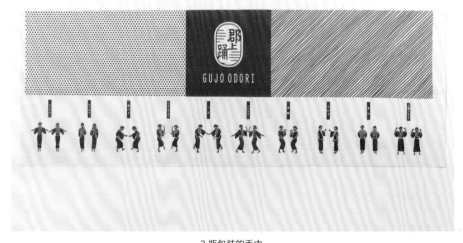

2 瓶包装的手巾

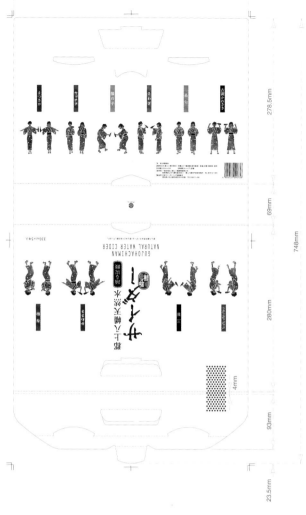

5 瓶包装的纸板结构

❸ 工艺

郡上八幡除了水质和郡上舞，丝网印刷也颇有名气。为了集中体现当地特色，手巾图案以丝网印刷工艺印制，5 瓶包装的图案则用胶印。

Love Ocean 沐浴露

以鲸鱼尾唤醒环保意识

★ Dieline Awards 包装设计奖 ★

DF：Pearlfisher　　CD：Jonathan Ford　　DD：David Ramskov　　CL：Love Ocean

❶ 结构

❷ 材料

Refill
Return
Recycle

包装信息

材料：100% 可回收塑料、单 LDPE（低密度聚乙烯）、
　　　PP（聚丙烯）

品牌简介

企业家加比·詹宁斯创建了以保护海洋为灵感的健康护理品牌 Love Ocean，向人们提供 99% 天然海洋成分的沐浴产品，为有环保意识的消费者提供更好的清洁选择。

❶ 结构

这款沐浴露包装使用鲸鱼尾形的盖子，提醒人们保护海洋环境和生物的重要性。鲸鱼尾盖设计成没有锋利的尖角和边缘，圆润的外观让人联想到一颗心，承接起品牌名 Love Ocean 和创始人对海洋的热爱。它还寓意着翻涌的浪花，和瓶身的蓝色搭配，共同构建海上浪花翻腾的意象。独特且形象的瓶身结构，可以成为亲子交流的话题，为日常洗浴增添更多爱的体验。

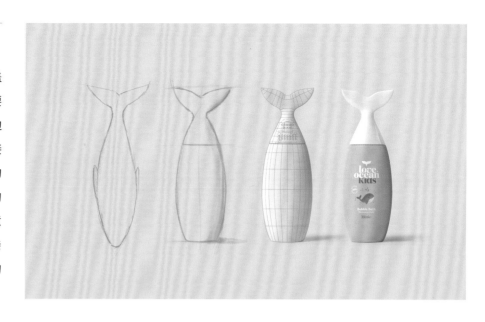

❷ 材料

瓶子使用 100% 可回收塑料制作，可反复将补给液注入瓶中，提高瓶子的使用率。补给袋选择了对海洋友好的单 LDPE 材质，有一个 PP 出水口，耐用且能清洗后重复利用。一旦补给袋空了，消费者可以寄回 Love Ocean 重新补给。1 升的补给袋能将瓶子填满三次以上，意味着更少的包装、邮费和碳足迹。每个袋子最多可以使用 4 次，袋子的使用寿命结束后，还可以交给专业机构回收。

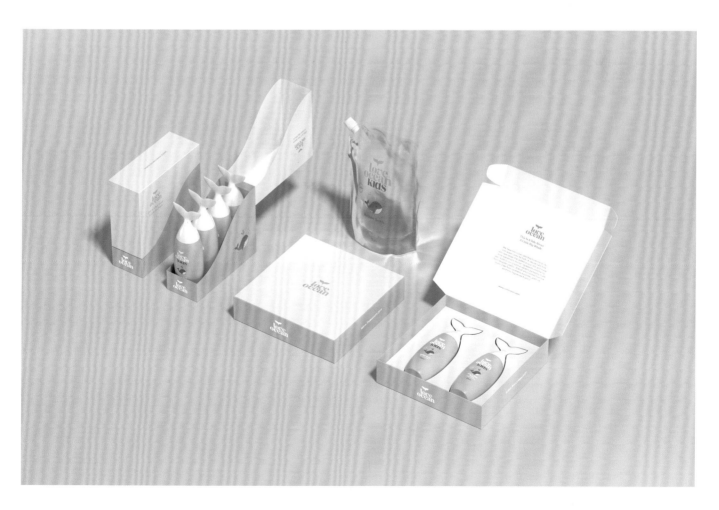

HEMA 水上充气玩具

引导人们去夏日的海边

★ Pentaward 包装设计奖白金奖 ★

DF：MAGNET Design firm   D：Richard Mooij   CL：HEMA

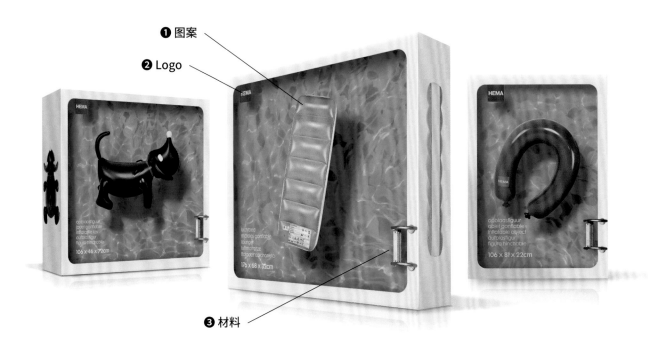

❶ 图案

❷ Logo

❸ 材料

包装信息

材料：纸板、钢管

工艺：四色印刷、专色印刷

品牌简介

荷兰知名连锁百货品牌 HEMA 在夏季发售了一系列水上充气玩具，以品牌最为人熟知的产品和图标为原型，如烟熏香肠、汤普斯糕点、夏日冰淇淋和 Takkie 狗图标，让消费者享受购物乐趣的同时，引导他们去海滩玩耍。

❶ 图案

　　主视觉的概念为充气玩具被扔进迷你游泳池里，展现夏日休闲场景，直接了当地说明产品的用途。在包装侧面，展示不同视觉角度的充气玩具，目的是让消费者更全面地了解产品的形状。

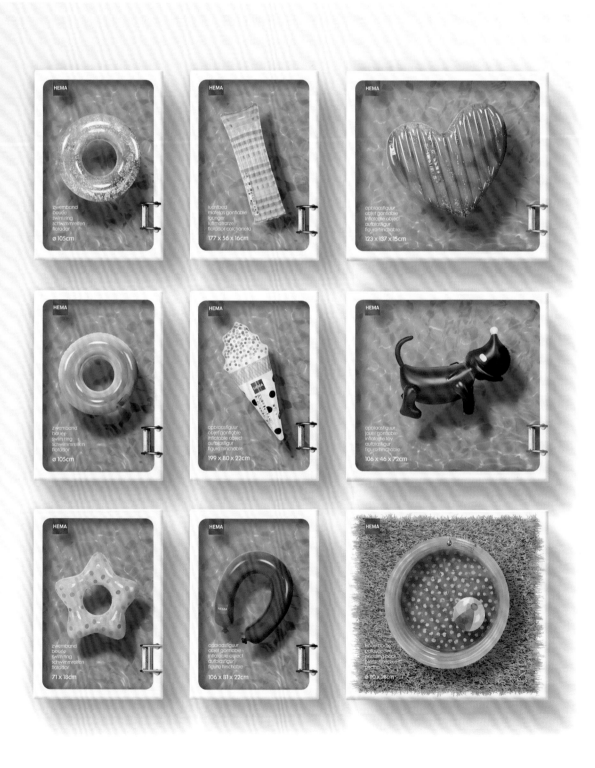

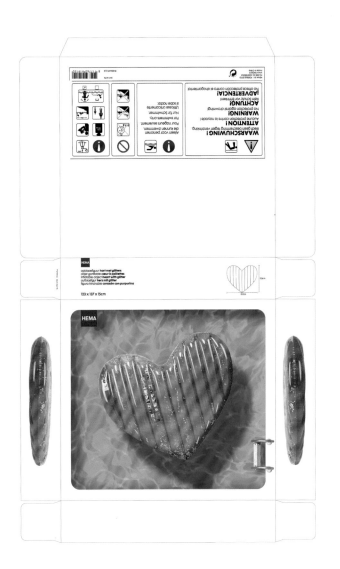

❷ Logo

在包装盒正面的左上角，是 HEMA 的红色方形 Logo，在它的右下方有一块阴影，使它看起来就像漂浮在水面上，并通过阴影让人感受到水深。

❸ 材料

在预算限制下，包装右下角设置了一个通往"游泳池"的迷你钢制台阶，成本低又能增加可玩性，也带来更逼真的视觉效果。

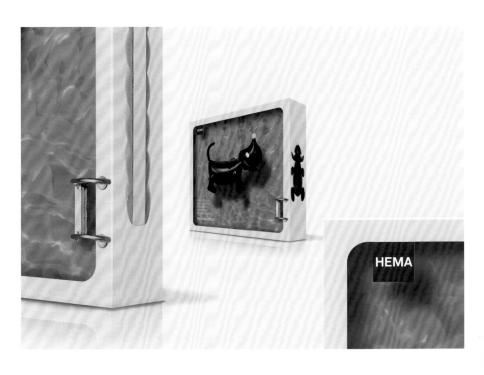

茶果一色和果子

营造在日本过年的气氛

DF：K9 Design　　CD+D：Kevin Lin、Chian Yi　　PH：Férguson　　CL：茶果一色

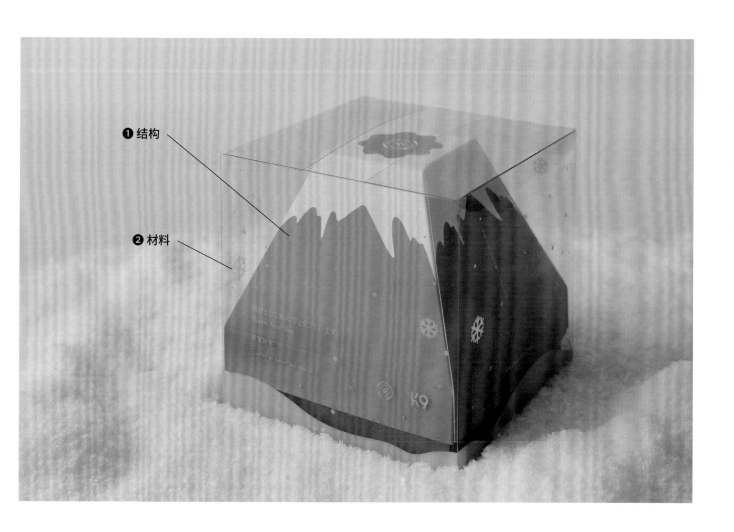

❶ 结构

❷ 材料

包装信息

材料：PVC（聚氯乙烯）、棉卡

工艺：单色印刷

品牌简介

和果子品牌茶果一色在 2022 年新年发售了限量富士山礼盒，里面的和果子由玫瑰、可尔必思、抹茶、草莓等四种馅料制成红梅、富士山、牡丹、神铃等样式。品牌希望通过这份新年贺礼，感谢客户和朋友在过去一年的支持，以及让因疫情无法远行的人能感受在日本过节的气氛。

❶ 结构

由于产品为日本和果子，故在设计研调时以日本过年文化为主题。按照日本的传统说法，如果在初梦，即新年的第一个梦中梦到富士山、鹰、茄子，就代表着吉利。因此，礼盒设计以山为结构做成主体，并用展开式结构强调富士山的造型。该结构也意在打造置身于富士山下，品尝一杯茶、一份和果子的氛围。

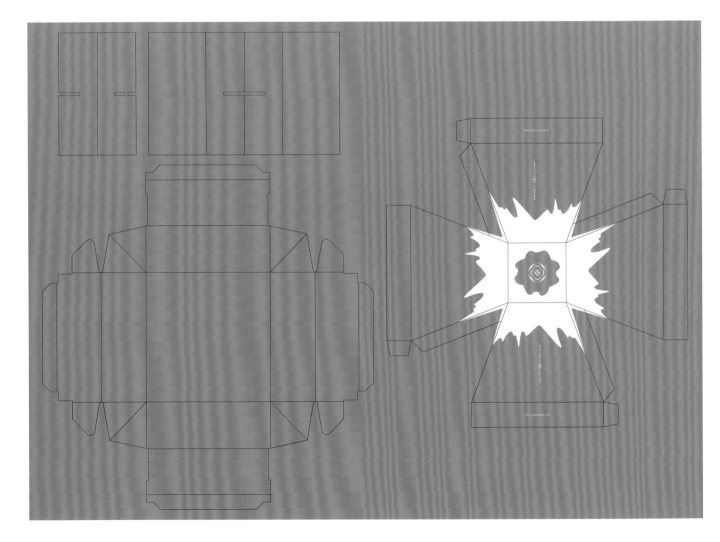

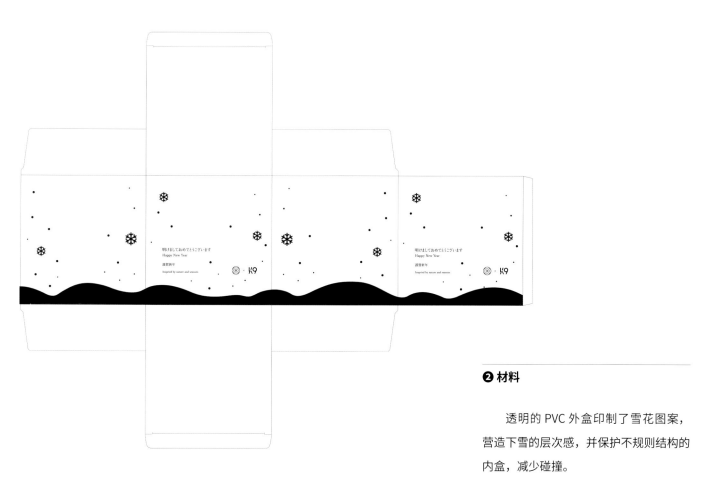

❷ 材料

　　透明的 PVC 外盒印制了雪花图案，营造下雪的层次感，并保护不规则结构的内盒，减少碰撞。

Eminente Reserva 酒

雕刻鳄鱼鳞片强调原产地

★ Pentawards 包装设计钻石奖、《烈酒商业杂志》设计和包装大师奖、Harpers 设计奖铜奖 ★

DF：Stranger & Stranger LTD   CD：Rowan Miller   CSD：Clare Vickers   CL：Camille De Dominicis

包装信息

材料：定制玻璃、FSC 认证软木、棉纸
工艺：数码雕刻、烫哑光金

品牌简介

Eminente Reserva 是一款古巴中部风味朗姆酒，是酿酒大师塞萨尔·马蒂从 19 世纪的古巴朗姆酒中获得灵感，精心酿造而成。它有着浓郁的琥珀色泽，香味浓烈又细腻，口感丰富，有香草、烟熏、咖啡和未精制甘蔗糖蜜等多重味道。

❶ 工艺

　　古巴人形容古巴的地图形状像"Isla del Cocodrilo"，意思是鳄鱼之岛。从另一个角度看，鳄鱼喜欢隐秘地潜伏在水底，因此这个词还暗示古巴具有神秘、鲜为人知的一面。围绕鳄鱼之岛的概念，酒瓶的玻璃用数码雕刻鳄鱼鳞片的浮雕，在表示酒的产地为古巴的同时，展现自然的奢华感。这项复杂的工艺在古巴高档酒市场上很少见，要经过多次模型测试，才能达到最佳效果。

❷ 材料

标签使用有凹凸细节的纹理纸，印上哑光金箔，进一步提高这款酒的高级感。标签的白色和酒水的琥珀色搭配，创造一种美丽和谐的画面。瓶塞原料采用 FSC 认证的可持续软木，这种材料由于疏水、易浮、富有弹性和阻燃等特点，常被用做酒瓶的软木塞。天然的材质和精雕细琢的结构之间产生反差，让人意想不到，也契合鳄鱼之岛的概念。

2020 socked 新年礼

彰显现代人个性的鞋型结构

★ Dieline Awards 包装设计奖金奖 ★

DF：Kreatives　CD：Franzi Sessler　AD+D：Tainá Ceccato　D+PR：Julie Frank　PH：Sebastian Lehner　CW：Tony Gui

包装信息

材料：胶白纸（300克）、鞋带、金属扣

工艺：生物墨水印刷、数码印刷

品牌简介

德国 Kreatives 设计团队在 2021 年初，开启名为"2020 socked"的项目，英语中 Sock 意为袜子，而 Socked 有重击的意思。项目灵感源自 2020 年艰难的生活经历。Kreatives 将这段经历比喻为人们穿着不合脚的鞋子奋斗，脚上长满了水疱，回到家后什么都不想做，只想脱鞋洗脚，躺在沙发上休息，水疱就是努力的证明。为了感谢大家对 Kreatives 的支持，他们设计了三款袜子，亲手制作包装，送给亲朋好友和客户。

❶ 结构

　　设计团队依据朋友、团队成员和客户等人的个性，将他们分为三种不同类型的人群：商务型、都市型、特立独行型，参考这个标准设计了商务鞋、运动鞋、凉鞋三款造型的包装。商务鞋和运动鞋的结构相同，两者都是通过系鞋带来封口；而凉鞋包装，则是以插口的方式封口。由于鞋舌是单独印制的，所以在结构上设计一个连接点，方便将鞋舌和其他部分粘贴起来。

十字针系鞋带

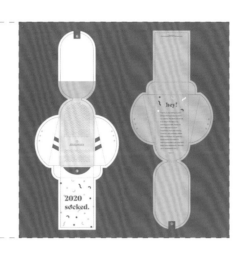

扣带凉鞋

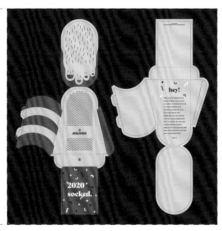

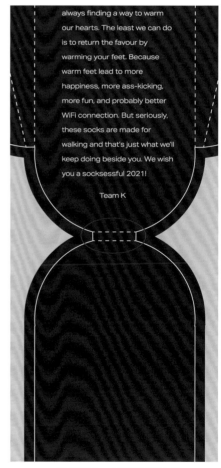

平行针系带鞋

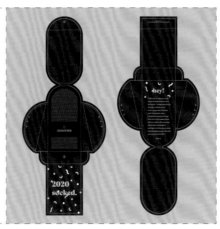

从上到下依次为运动鞋、凉鞋、商务鞋的包装造型和结构，结构图中上方的鞋舌在实际制作时与其他部分分开印刷

设计连接点，方便粘贴组装包装

❷ 工艺

　　因包装只印制 100 个，量少用胶印不太划算，转而选用生物墨水和数码印刷印制。印刷和模切工作均委托慕尼黑周边的厂商完成，而打孔、安装金属扣和包装组装工作，完全由设计团队亲自上阵。

为包装手工打孔和安装鞋带金属扣

❸ 图案

　　设计团队原本计划在包装内放置彩条，后来出于环保考虑，最终选用形状各异的彩条图案、几何造型的字体设计来代替，加上多样的配色方案，为这一系列包装赋予节日气氛和搞怪的感觉。

hey!

In case you are wondering, we used
Bely Display and Aktive Grotesque Extended

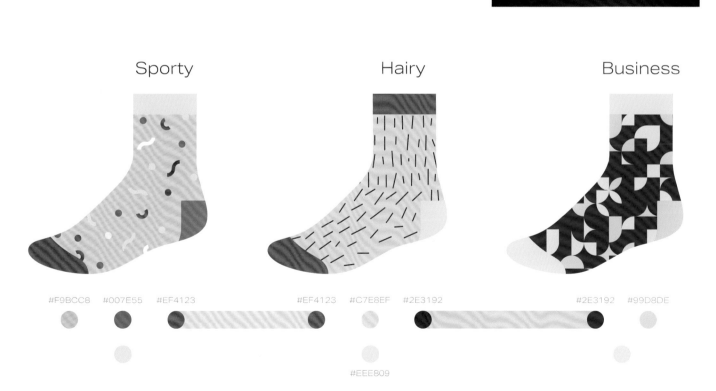

Sporty	Hairy	Business

| #F9BCC8 | #007E55 | #EF4123 | | #EF4123 | #C7E8EF | #2E3192 | | #2E3192 | #99D8DE |

#EEE809

小豆山水和果子

再现日式枯山水意境

★ Pentawards 包装设计铜奖 ★

CD：都筑徹　AD：藤平奈央子　AD+D：古川雅博　CL：ohagi3

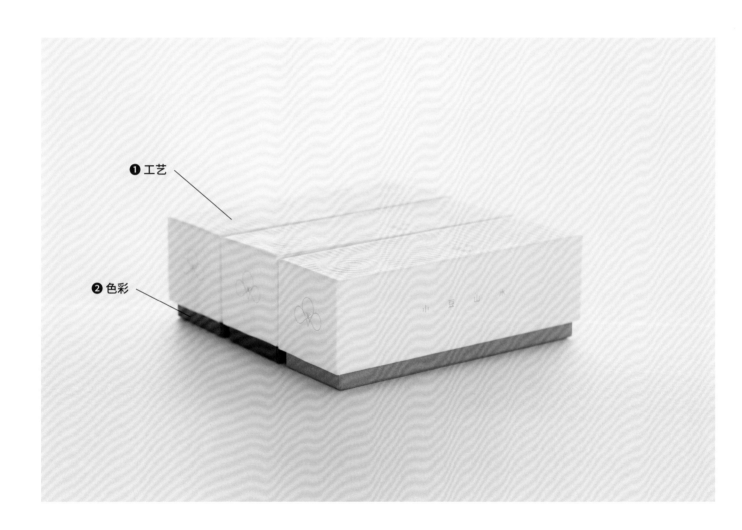

❶ 工艺

❷ 色彩

包装信息

材料：日本丹迪纸

工艺：覆膜、击凸

品牌简介

日本和果子店 ohagi3 用冻干红豆涂上巧克力粉，制作了这款名为"小豆山水"的和果子，有树莓、可可和抹茶三种口味。

❶ 工艺

　　包装设计灵感源于"枯山水"，这是日式写意园林的一种最纯净景观，也是日本画的一种形式。枯山水并没有水景，其中的"水"通常由砂石表现，而"山"用石块表现，有时也会在沙子表面画上纹路来表现水的流动。这款包装使用日本丹迪纸，覆膜后通过击凸工艺刻画枯山水，打造高品质的日式零食形象。

　　制作击凸版一般用金属材料，但在实际印制过程中，金属板让纸张出现了裂纹，并且浮雕感效果不佳，于是改用树脂板。加上多次调整印制力度，减少裂纹的出现，使浮雕感恰到好处，更好地表现枯山水。

日本园林的枯山水景观

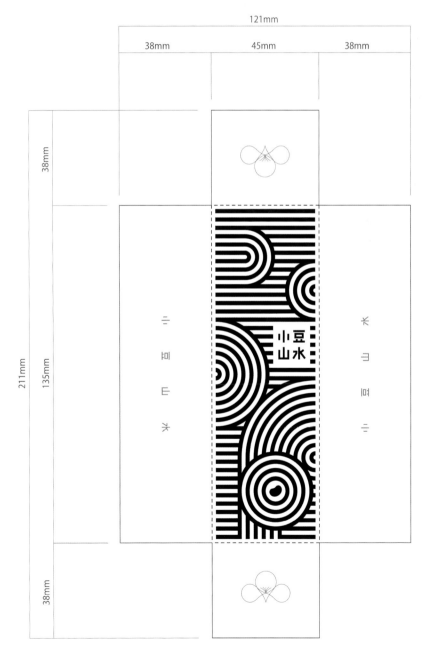

❷ 色彩

　　包装上盖为白色，内盒用红色表示树莓味，茶色表示可可味，绿色表示抹茶味。简单的用色能让人直接感受到食物天然的风味。

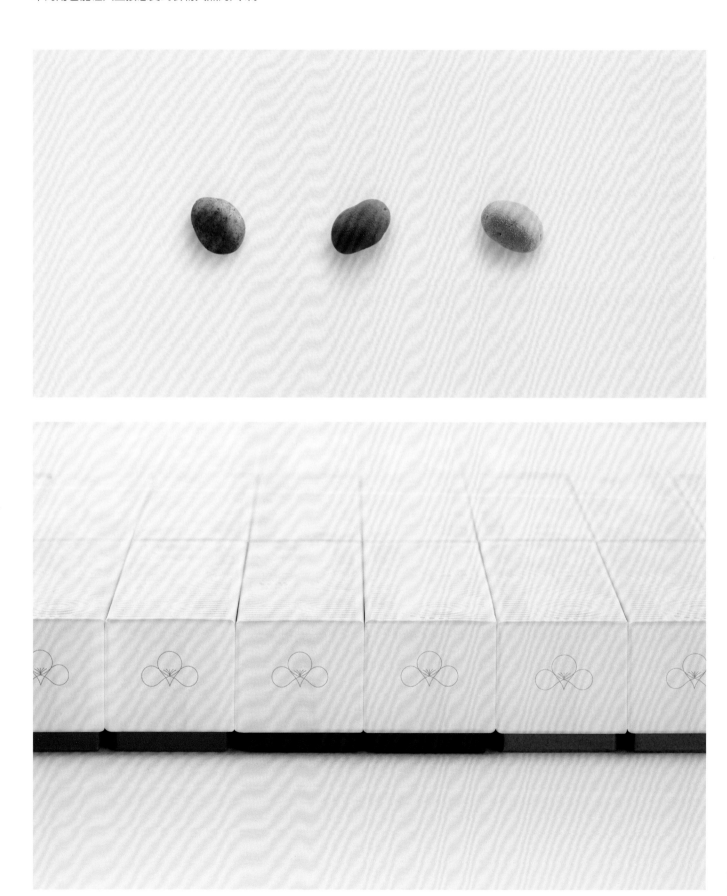

小　　豆　　山　水

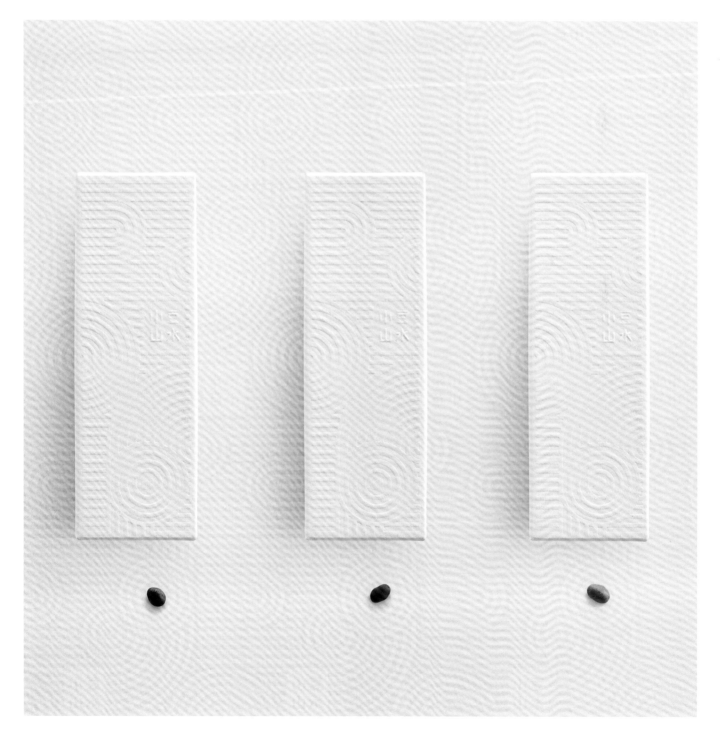

Danaus 巧克力

象征蝴蝶的精致脆弱之美

D：Alejandro Gavancho CL：Claudia Aranda

包装信息

材料：纸板（300克）、白色 Mohawk Proterra
纸 （216克）

工艺：模切、烫金、专色胶印、四色胶印

品牌简介

Danaus 是秘鲁的优质 bean to bar 巧克力品牌，一大特点是原料均使用秘鲁本地的水果和植物，主要在环保有机的产品专门店销售。"Danaus"指君主斑蝶，是北美洲广为人知的蝴蝶种类，品牌借名称引申出蝴蝶效应，希望给消费者带来改变。

❶ 工艺

　　包装围绕蝴蝶的概念进行设计，共分为三层，从内到外对应蝴蝶生命周期中的三个阶段：毛毛虫、蛹、蝴蝶。内层是简单的锡纸包装，中间层卡片使用胶印加烫金，最外层用手工模切精细的植物图案，整体呈现了繁复的视觉效果。每个图案元素的距离和大小经过多次调整，以确保模切成功，同时让人在触摸时不会轻易损坏精细的工艺部分。

包装打开过程

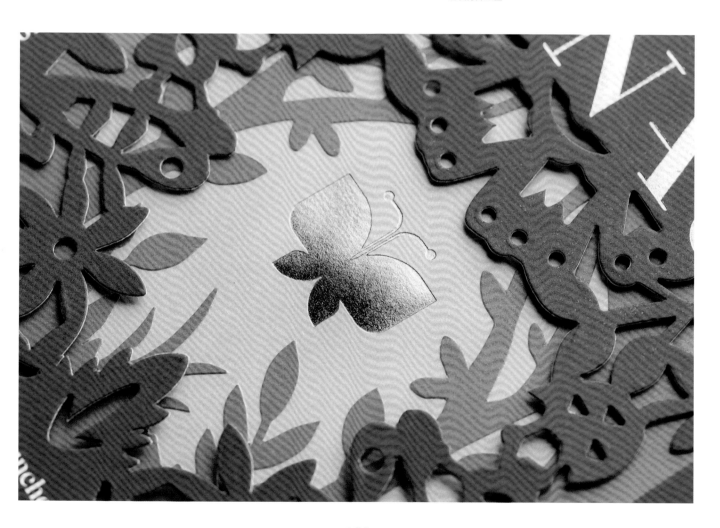

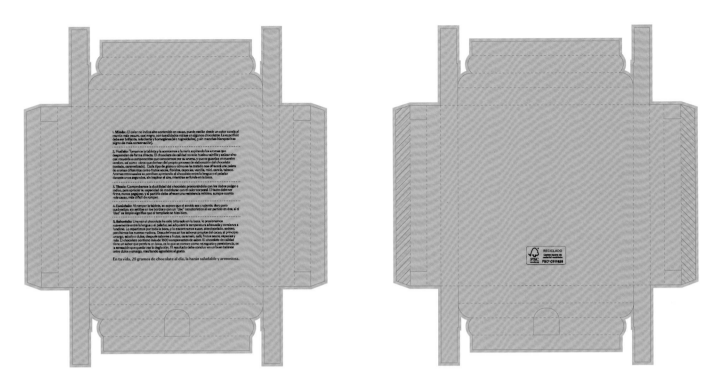

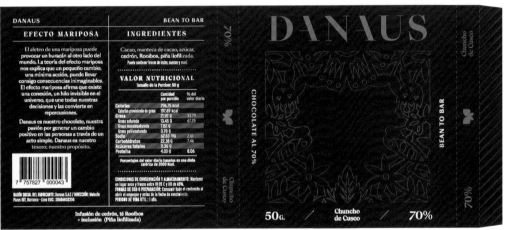

❷ 色彩

　　颜色的数量、纸张的种类、包装的层次都限制在三种。中间层的植物图案颜色随巧克力的原料而变化。

Pantone Medium Purple U	Pantone 1365 C	Pantone 7416 C
Pantone 3566 C	Pantone 129 U	Pantone Warm Red U
C 92 M 98 Y 65 K 0	C 0 M 38 Y 80 K 0	C 1 M 74 Y 69 K 0
R 73 G 42 B 127	R 253 G 175 B 63	R 235 G 99 B 77

Pantone 2094 C	Pantone 2456 C	Pantone 184 C
Pantone 2076 U	Pantone 339 U	Pantone 192 U
C 55 M 59 Y 3 K 0	C 78 M 6 Y 57 K 0	C 1 M 79 Y 42 K 0
R 135 G 114 B 175	R 44 G 165 B 135	R 233 G 87 B 108

❸ 字体

　　Logo 字体 DANAUS 的线条粗细对比强烈，字母 A 左边的笔画缺失，代表蝴蝶的精致脆弱之美。

DANAUS

Atypical 咖啡

在街头和高端之间找到平衡

DF：Behalf Studio　CD：Giang Nguyen　D：Minh Nguyen、Phong Pham　PR：Ha Doan、Linh Duong　CL：Ly Gia Vien Ltd. Co.

❶ 照片

❷ 字体

包装信息

材料：无涂布纸

工艺：数码印刷、烫金

品牌简介

越南是全球主要的咖啡生产地之一，Atypical 咖啡创始人从中看到咖啡在越南本地的消费潜力，于是结合国际化口味和高质量的萃取方法，使用小巧的瓶装形式，将咖啡包装成中高端的休闲饮品，提供给年轻人和咖啡爱好者。品牌名"Atypical"意为非典型的，体现胡志明市精神的精髓：以不拘一格为傲，从不因循守旧，始终保持特立独行，为此不惜一切代价。

❶ 照片

为了吸引本土消费者，包装视觉有意识地避免使用外国人对越南的刻板印象，比如越南的长袄、箬笠等，而是用创造性方式拥抱文化价值，不至于过度表达。主视觉精选胡志明市内墙壁的照片，保留经时间洗礼后的锈斑、涂鸦、广告单的残余和其他形式的损坏痕迹，让本土消费者非常熟悉，但仔细一看又觉得很奇特。

其中瓶装口味以胡志明市滨城市场、多高坊、草田区等三个著名地点命名，在标签上呈现当地墙壁的照片，表达人们对城市的碎片化感知。受到被撕毁的广告单的启发，照片边缘被设计得很粗糙，就像贴在瓶身然后被撕开一样。即使是同一口味，每张标签视觉也略有不同，使包装本身成了独特的收藏品。

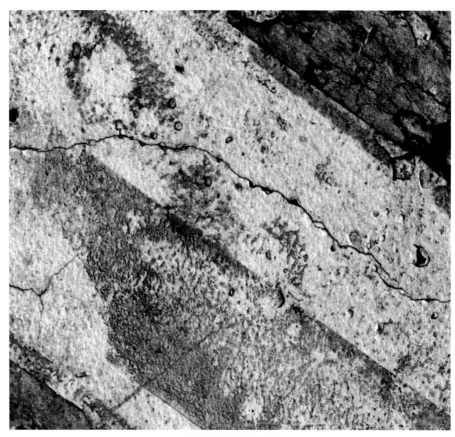

胡志明市街头的墙壁照片

**NOT YOUR TYPICAL
CUP OF COFFEE**

ATPCL
CFF

Named after a highly populated neighborhood
downtown Saigon, where the small coffee shops
meandering between trees serve as stopovers for
the people on missions every morning, this cold
brew carries a flavor that reminisces the essence
of the urban life here.

Shake well before using, keep refrigerated.
Enjoy the taste that would make your day.

TASTING NOTES   **INGREDIENTS**

Light, fragrant   Coffee beans, milk,
mild, chocolaty   sugar, filtered water

№   **BEST BEFORE**

029 / 500   28.08.2020

FOR YOUR   **DOSE**   WITHOUT   BREWED & BOTTLED BY
INDULGENCE   MODERATION   **LY GIA VIEN CO.**

250
ML

**NOT YOUR TYPICAL
CUP OF COFFEE**

ATPCL
CFF

Named after the vigorous neighborhood and heart
of Saigon, where the spirit of the city was most
genuinely expressed, this cold brew carries
a flavor that reminisces the essence of the urban
life here. More than just a coffee; it is a bona
fide ode to Vietnamese coffee culture.

Shake well before using, keep refrigerated.
Enjoy the taste that would make your day.

TASTING NOTES   **INGREDIENTS**

Light, fragrant   Coffee beans, milk,
mild, chocolaty   sugar, filtered water

№   **BEST BEFORE**

027 / 500   28.08.2020

FOR YOUR   **DOSE**   WITHOUT   BREWED & BOTTLED BY
INDULGENCE   MODERATION   **LY GIA VIEN CO.**

250
ML

**NOT YOUR TYPICAL
CUP OF COFFEE**

ATPCL
CFF

Named after the trendy expatriate neighborhood
of Saigon, where the cultural fusion nature is
emphasized with an eclectic elegance, things and
people seem to be languid and more nuanced, this
cold brew carries a flavor that reminisces the
essence of the urban life here.

Shake well before using, keep refrigerated.
Enjoy the taste that would make your day.

TASTING NOTES   **INGREDIENTS**

Light, herbal,   Coffee beans, milk,
fragrant, aromatic   sugar, filtered water

№   **BEST BEFORE**

028 / 500   28.08.2020

FOR YOUR   **DOSE**   WITHOUT   BREWED & BOTTLED BY
INDULGENCE   MODERATION   **LY GIA VIEN CO.**

250
ML

❷ 字体

Logo "ATYPICAL" 为定制字体，灵感来自因人为破坏而在建筑上裸露的钢筋水泥，其棱角分明的线条展现类似机械模具印制的效果。字体通过烫金，与主视觉展现的越南街头文化平衡，体现叛逆又高级的气质。

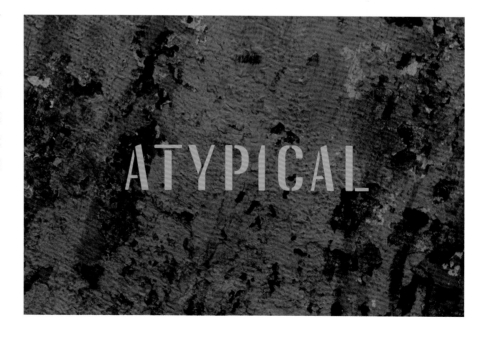

捌比特·小银瓶咖啡豆

传递咖啡的美味与香气

DF：HOOKFOOD 大食设计商店　CD+AD+D：刘雯　D：汪梦阳　CL：捌比特咖啡

❶ 结构

❷ 材料

❸ 版式

包装信息

材料：纯铝瓶（厚 0.55～0.6 毫米）、哑粉不干胶贴（80克）

工艺：专色丝印、局部烫金

品牌简介

咖啡品牌"捌比特"的名字来自任天堂在 20 世纪 80 年代推出的 8 位机（8-bit），在中国俗称红白机，特点是大像素、简单明快的颜色以及通过波形合成器创作的音乐，也催生了与此相关的亚文化体系。小银瓶是捌比特的高端精品咖啡豆系列。

❶ 结构

为区别市面上咖啡豆包装的外观，以及凸显高端产品与普通产品的差异，该包装使用瓶装形式，并采用酒类和玻璃瓶饮料常用的"长脖"瓶型，让人看到时联想到里面流动的是美味的液体。长脖及瓶口经过改良加宽，使咖啡豆能从瓶中丝滑地倒出来，不会被颗粒大的咖啡豆或内部的脱氧剂阻挡。

❷ 材料

瓶身使用轻型纯铝瓶，具有环保、可重复使用、保鲜性能极佳的优点。在装入咖啡豆后，铝瓶摇起来会发出爽脆悦耳的声音，使得瓶子从声音到形态都如沙锤乐器一般，手握时又像榴弹，增强包装的可玩性和品牌的声音设计。在短视频传播中，很多消费者也将声音作为创意点。

外包装利用打包活鱼常用的充气鱼袋，搭配写有"一气喝成"的主题卡，并结合手提式设计，传递这是带着锅气、锁着香气、刚刚出炉的"行走的鲜气咖啡"。

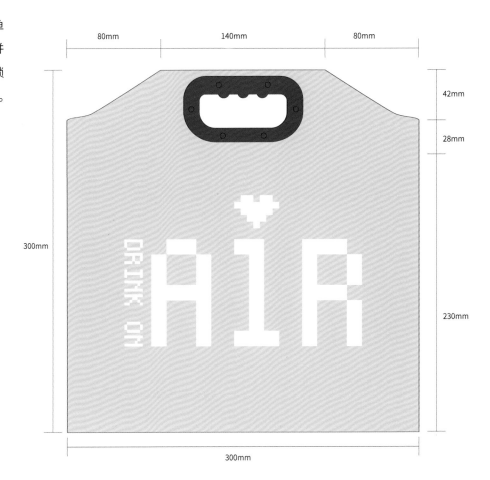

❸ 版式

包装的平面构成延续 8 位机像素化视觉体系，应用简洁有张力的几何网格系统构图、中文大字、像素画的图标、微像素的字体设计和红白黑的品牌用色，让产品信息最快速地直达消费者。

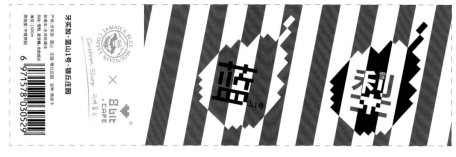

银河漫游舱中秋礼盒

装载月饼飞向太空

D：谷东杰　PR：张健翔　CL：Holiland 好利来

❶ 结构　　❷ 材料　　❸ 工艺

包装信息

材料：PC 塑料、ABS 塑料、锌合金、石米色石彩纸

工艺：注塑、金属压铸、电镀、压凹

品牌简介

2021 年中秋节，好利来与 NASA 联名推出宇宙漫游系列限定版中秋礼盒——银河漫游舱。这款礼盒包含 6 种独特造型和创新口味的月饼，灵感来自六大星球：月球、火星、海王星、木星、金星、土星，比如"星尘脏脏酱心"口味月饼，用沾满可可粉的表皮比喻火星颜色和沙漠质感。

❶ 结构

设计团队认为月饼作为高热量点心，放在航天背景下很容易让人联想到登月舱的燃料舱，于是参考此类物体的造型，设计一个小型球形容器，在里面放置框架装载月饼，寓意为消费者提供能量。球形外壳主要借鉴阿波罗 11 号登月舱鹰号的外形，使用大量的三角面元素。还在舱体底部放置香薰精油和象征月球岩石样本的扩香石，为包装附加扩香器的功能，并借由香在空气中的蔓延流动，引导消费者想象，并感受一段独特的太空漫游之旅。

阿波罗 11 号登月舱鹰号 ©NASA

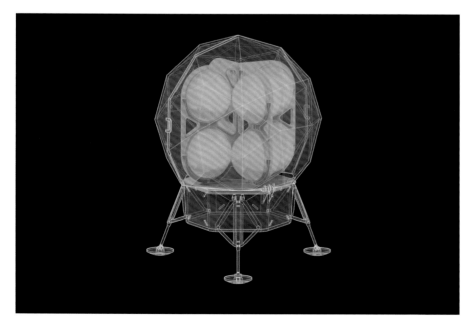

❷ 材料

球形外壳选用半透明 PC 塑料，框架为锌合金材质，经过电镀和拆件分色处理，展现漂亮的金属光泽和颜色，金属底脚的颜色也参考了鹰号配色。包装纸盒采用石米色石彩纸，有许多细小的颗粒质感，能很好地模拟星球表面。

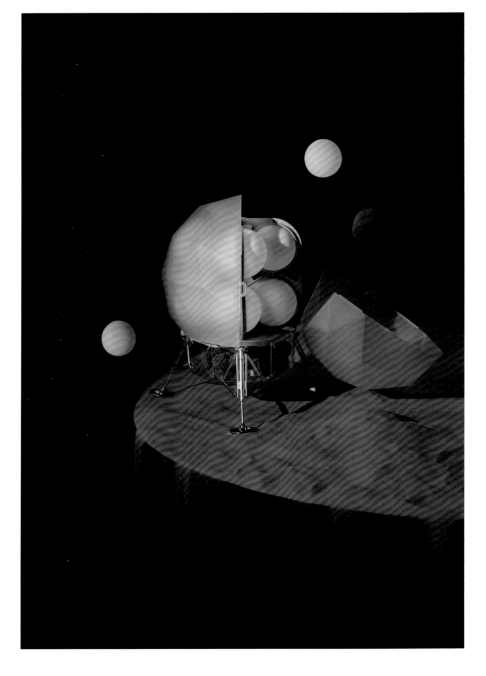

❸ 工艺

球形外壳应用注塑工艺成型，并在表面做出磨砂质感，营造半透明的朦胧感。包装纸盒根据石彩纸的特性，以及涉及大面积印刷，所以采用电镀压凹呈现月球凹凸不平的表面。

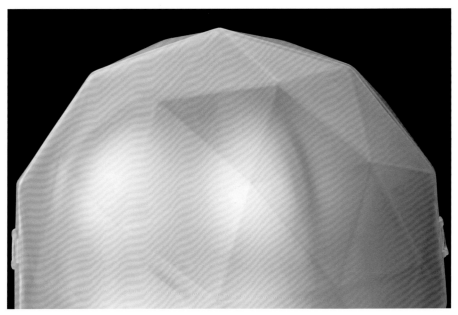

明月山河月饼礼盒

用纸艺打造绝美风景

★ 意大利 A' 设计大奖银奖 ★

CD：秋珈心   D：朱伟   CL：艺味屋

❶ 插画

❷ 工艺

❸ 结构

包装信息

材料：哑光铜版贴纸、珍珠棉

工艺：覆膜烫银、激光雕刻

品牌简介

明月山河是上海糕点品牌艺味屋推出的月饼礼品，包含 6 块桃山皮月饼。桃山皮起源于日本桃山，用白芸豆沙配以蛋黄、牛奶和奶油等秘制调配而成，口感细腻。

❶ 插画

礼盒的设计灵感源自曹丕《芙蓉池作》诗"丹霞夹明月，华星出云间"，以明月下的丹霞山为主视觉画面，用淡雅的水墨笔触勾勒了美好的秋日景致。

C 14 M 42 Y 26 K 0
R 224 G 168 B 169

C 6 M 10 Y 27 K 0
R 245 G 233 B 200

C 40 M 17 Y 13 K 0
R 168 G 196 B 214

C 34 M 22 Y 17 K 0
R 182 G 191 B 200

C 4 M 9 Y 6 K 0
R 247 G 237 B 236

❷ 工艺

主视觉画面从近景到远景，被分成多个层次打印在多张纸上，使用激光雕刻精心雕琢细节和镂空，最后以相同的间距将纸排列在内盒顶部，让平面纸组成立体的山水透视空间。整个画面由人工搭建而成，但在实际操作中，设计团队发现很难固定好每一层纸，最后通过加胶水插入珍珠棉固定。

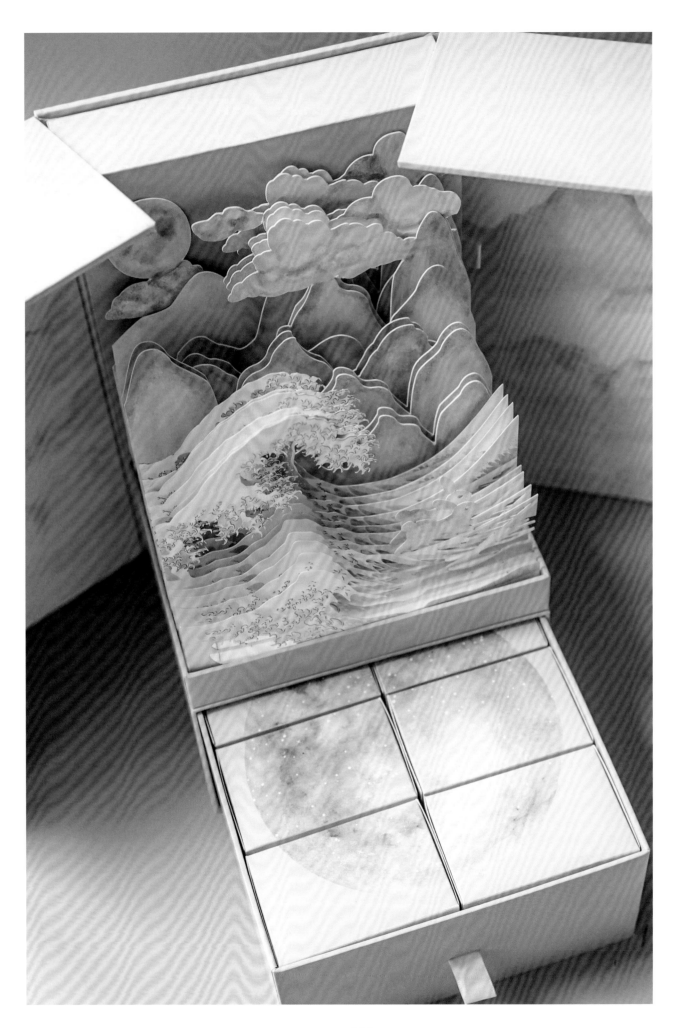

❸ 结构

　　盒子外形简单，契合中国人讲究藏拙的处事态度。在其底部和纸艺背后还设置了抽屉，用来放置月饼和刀叉。

Monroe Art Sponge. Implemented! 浴球

娱乐化名人图像

D：Lesha Limonov   CL：Shuba Gift Factory

❶ 名家名作

❷ 色彩

包装信息

材料：瓦楞纸

工艺：数码印刷

品牌简介

Monroe Art Sponge. Implemented!（梦露艺术海绵，推行！）是一款创意浴球产品，由设计师廖沙·利莫诺夫与趣味礼物品牌 Shuba Gift Factory 合作推出。

包装主视觉使用美国波普艺术大师安迪·沃霍尔的代表作《玛丽莲双联画》，作品采用丝网印刷和丙烯颜料，让画面像刚从印刷厂取来的未完成的样张一般。设计师认为，蓬松的浴球与梦露的卷发造型十分相似，可以通过在包装盒上印刷梦露图像，露出浴球创造有趣的视觉效果。在盒子开口处还有恶搞梦露造型的贴纸，让人们打开包装时会心一笑。

❷ 色彩

明亮的色彩有助于调动消费者情绪，从而在同类产品货架上脱颖而出。

MURRĒ 护肤品

拼贴自然元素打造高级质感

DF：HUGMUN. STUDIO　CD：Tomasz Pawluk　D：Maria Mileńko　CL：MURRĒ

❶ 拼贴

❷ 工艺

❸ 材料

包装信息

材料：FSC 认证 Fedrigoni Carte à parfum 纸（300
克）、玻璃、可降解塑料
工艺：数码印刷、烫印、凸印、击凸

品牌简介

MURRĒ 是波兰护肤品牌，原料采用植物的干细胞和提取物等，使用天然精油增加香味，旨在用自然干净的配方创造高质量、环保可持续的产品。

❶ 拼贴

主视觉以拼贴的创作形式，组合自然物和产品原料成分的图像，比如橙花叶、卡卡杜李。各种自然元素以雕塑般的效果呈现，通过鲜艳的颜色和纹理强有力地传递产品的特点。而对拼贴元素数量的控制、极简的背景和优雅的字体等，让包装在追求自然的波希米亚风和高端奢侈风之间达到平衡。

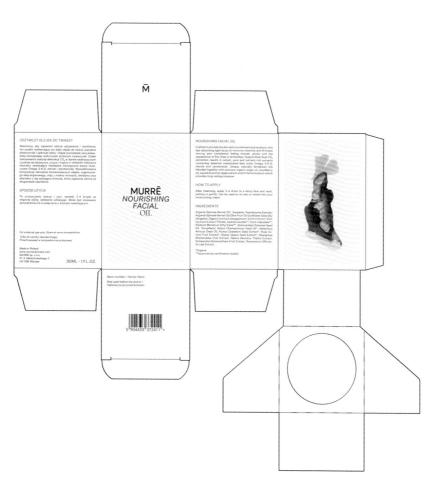

❷ 工艺

包装盒正面采用击凸工艺，让画面如同浮在纯色背景上一般，微妙的浮雕细节能增强整体的精致度。

❸ 材料

包装盒材料使用 Fedrigoni 纸厂的无涂布纸 Carte à parfum，未经加工的表面与瓶子玻璃的磨砂质感非常搭配。

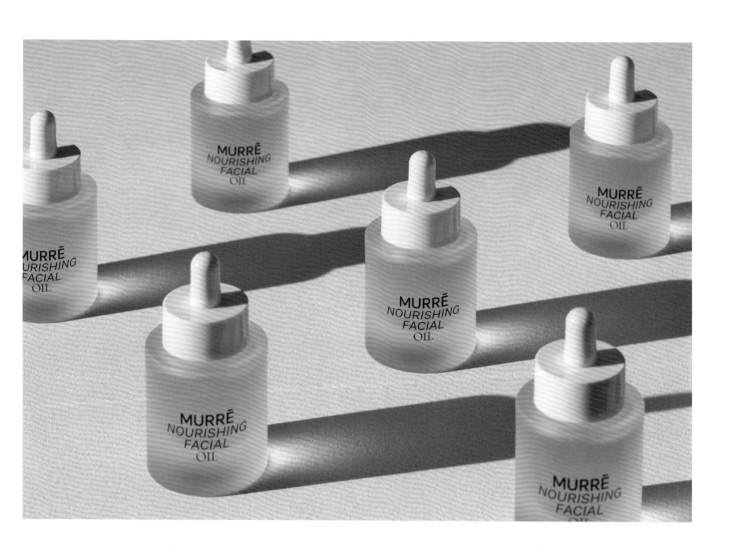

REFU 水泥精油蜡烛

让包装成为通往心灵的避难所

DF：温水工作室　D：KJ ZHANG　CL：REFU

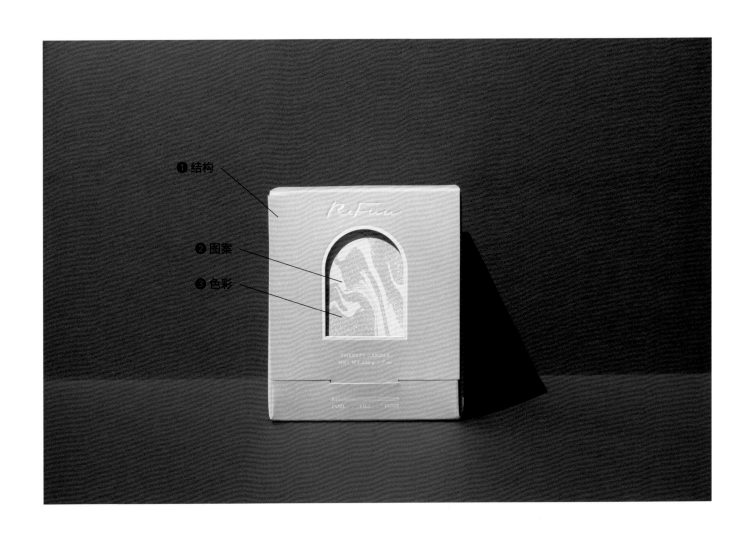

包装信息

材料：再生源绿能卡纸（350克）

工艺：正面局部白墨、背面印黑

品牌简介

REFU 是一家香氛工作室，以 Refuel（补给能量）、Refill（填补）、Refuge（避难所）为品牌概念及价值。他们使用水库淤泥制成的水泥做蜡烛容器，其透气环保的特性，让蜡烛在燃烧过程中的香气吸附到水泥毛细孔内，形成自行散发香气的扩香水泥盆。

❶ 结构

包装正面设计镂空拱门造型，拆开包装的同时就像开启一道门，代表通往心灵的避难所，这也是品牌 REFU 的核心概念之一。镂空位置透露出内层的卡片视觉，可以通过更换卡片，让包装灵活用于不同的节日和活动。

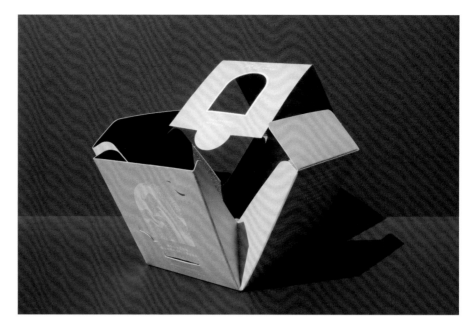

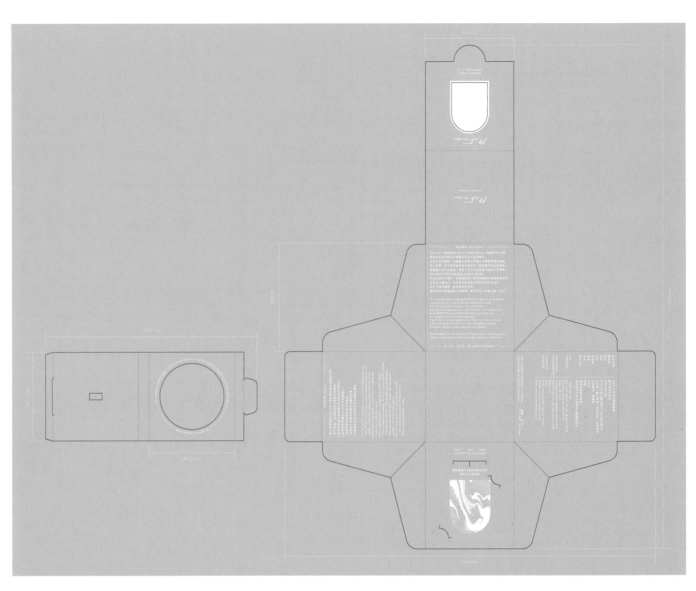

❷ 图案

包装纸背面印刷夜空繁星点点的图案，与简约的外表产生反差，也包含心灵得到解脱、放松的意思。

❸ 色彩

在纸张灰色原色基础上，只印刷黑白色的图案，呈现天然、质朴的质感。

C 0 M 0 Y 0 K 0
R 255 G 255 B 255

C 0 M 0 Y 0 K 30
R 179 G 179 B 179

C 0 M 0 Y 0 K 100
R 0 G 0 B 0

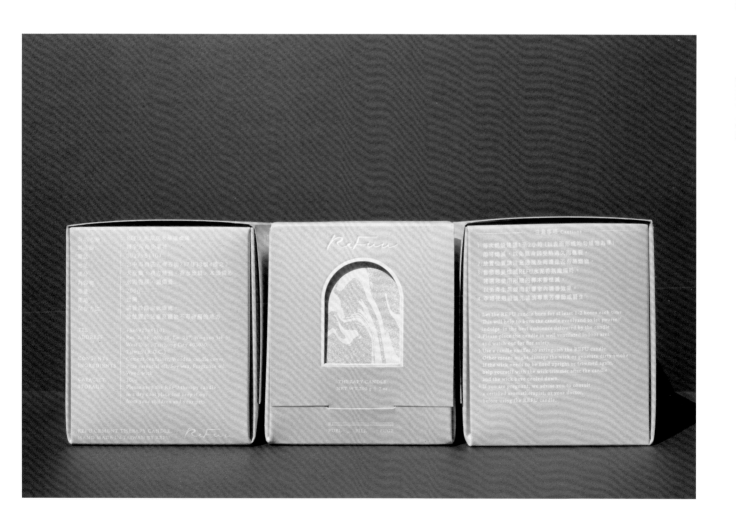

FLIPPED BEAUTY 彩妆

巧用心形展现怦然心动瞬间

DF：二声设计事务所　D：Nic Huang、Peiling Song　CL：FLIPPED BEAUTY 富梨葡得

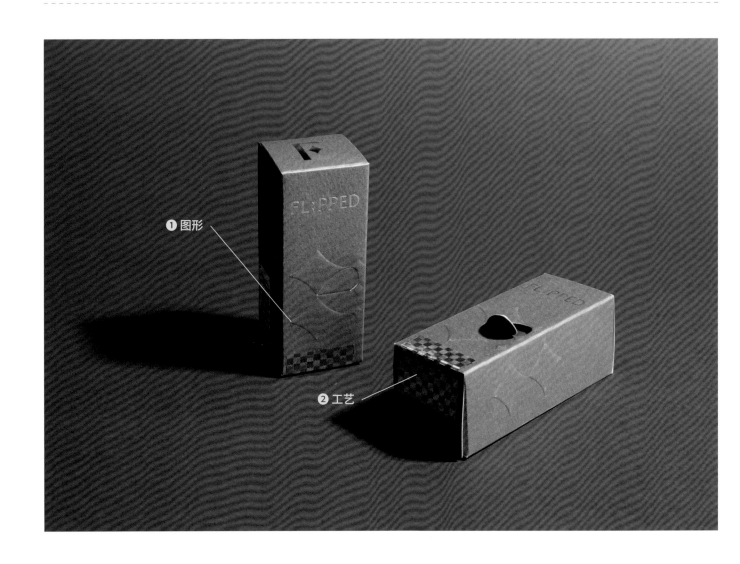

❶ 图形

❷ 工艺

包装信息

材料：毯纹纸（350克）

工艺：击凸、烫金、激光切割

品牌简介

FLIPPED BEAUTY 是上海富梨葡得古着店推出的彩妆品牌，为当代女性提供非常规式彩妆选择，主张透过色彩展现每个人的独特魅力。品牌希望将融合复古气质和当代流行元素的 Newtro 风格，贯穿于整体形象中。

❶ 图形

在设计团队看来，彩妆品牌除了产品本身至关重要，能引起共鸣的概念或主题同样是消费者看重的因素。品牌名意为怦然心动，他们将代表此含义的心形藏于闪光图形的负空间里，并将该设计用在中英文 Logo 中，以较隐喻的方式阐述"心动的瞬间发生在魅力展露之时"。该图形设计也延伸到包装视觉上。

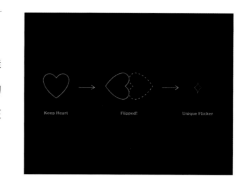

FL◊PPED
Beauty
富梨葡得

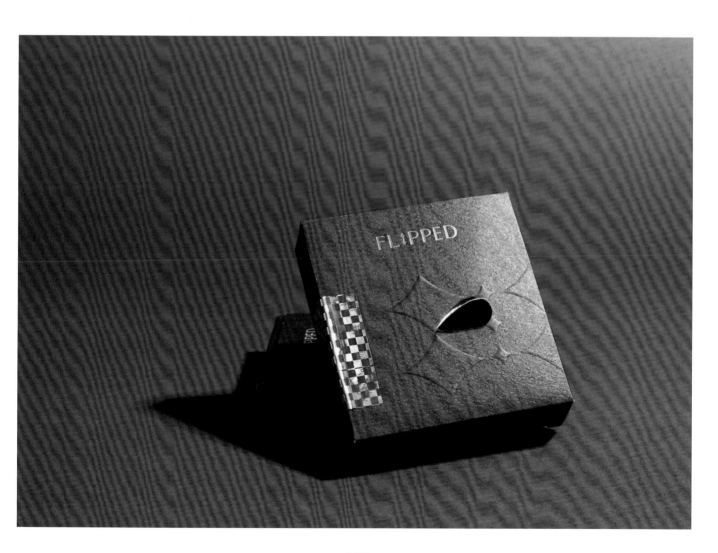

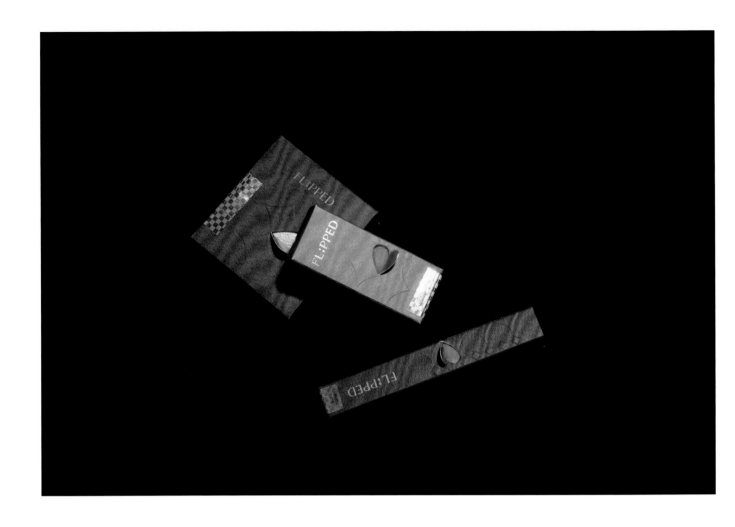

❷ 工艺

　　包装使用激光切割镂空半个心形，局部烫金增加闪光效果；使用的无涂布毯纹纸的张力和硬度比较适中，可以通过击凸让图案在纸上呈现理想的立体效果。无涂布纸和烫金、经典棋盘格和激光贴纸、表里两层的层次等元素呈现对比和冲突，加上浓郁的色彩透露出大胆与自信，让包装个性变得更加立体，Newtro 的时髦感也得以展现出来。

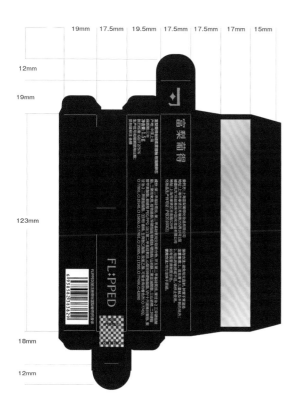

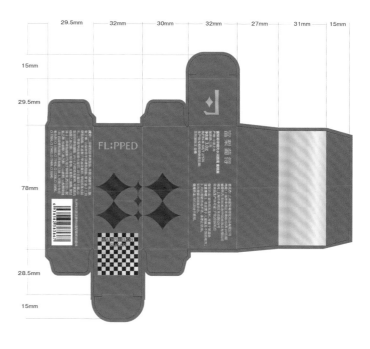

Idemitsu Towers 礼品

感受日式趣味

DF：Moloko creative design agency　CD：Denis Misyulya　D：Maksim Artemenko　ILL：Alena Urbanovich　CL：出光兴产株式会社

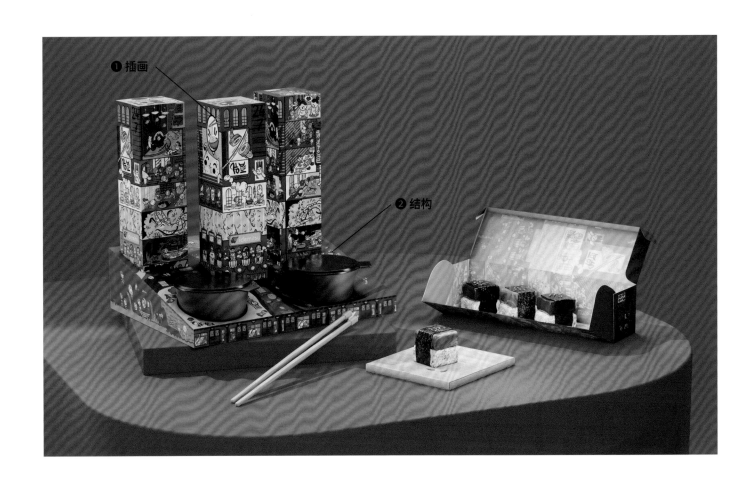

❶ 插画

❷ 结构

包装信息

材料：纸板（350克）、纸（200克）

工艺：四色印刷、专色印刷

品牌简介

日本第二大石油公司出光兴产株式会社，想给白俄罗斯合作伙伴 OBKstandart 送上特别的礼物，代表自身的理念和价值观：效率、责任、正直、发展、乐观。设计团队 Moloko 接到委托后，决定制作一个能体现不一样的日本，以及承载寿司料理的礼物。

❶ 插画

包装上描绘多样的日本元素，比如相扑、妖怪、温泉和拉面等，并在每层楼讲述不同的故事。鲜艳的颜色能激发人们对包装的兴趣，人们还能从各种角度细细观察插画，发现里面的故事，不断寻找有趣的细节。

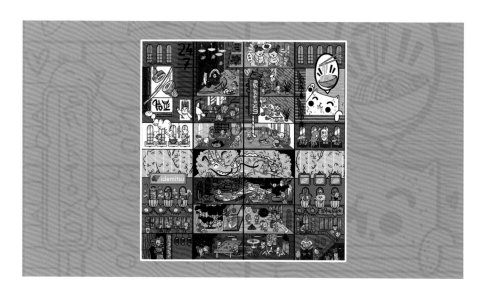

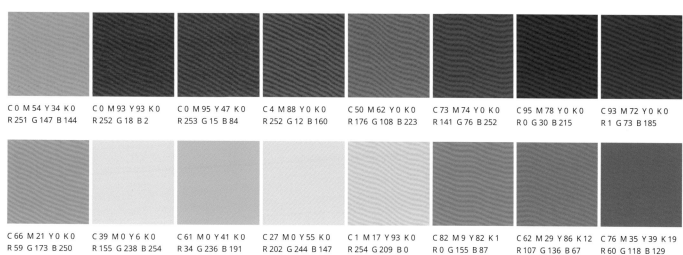

C 0 M 54 Y 34 K 0	C 0 M 93 Y 93 K 0	C 0 M 95 Y 47 K 0	C 4 M 88 Y 0 K 0	C 50 M 62 Y 0 K 0	C 73 M 74 Y 0 K 0	C 95 M 78 Y 0 K 0	C 93 M 72 Y 0 K 0
R 251 G 147 B 144	R 252 G 18 B 2	R 253 G 15 B 84	R 252 G 12 B 160	R 176 G 108 B 223	R 141 G 76 B 252	R 0 G 30 B 215	R 1 G 73 B 185

C 66 M 21 Y 0 K 0	C 39 M 0 Y 6 K 0	C 61 M 0 Y 41 K 0	C 27 M 0 Y 55 K 0	C 1 M 17 Y 93 K 0	C 82 M 9 Y 82 K 1	C 62 M 29 Y 86 K 12	C 76 M 35 Y 39 K 19
R 59 G 173 B 250	R 155 G 238 B 254	R 34 G 236 B 191	R 202 G 244 B 147	R 254 G 209 B 0	R 0 G 155 B 87	R 107 G 136 B 67	R 60 G 118 B 129

❷ 结构

　　三个长方形纸盒用来装寿司，插在斜面底座上，如同三座塔楼，代表出光兴产位于日本的总部大楼。底座同时留出位置容纳酱汁盒，并交错安排寿司盒位置，让人从不同角度看到不同的插画风景。

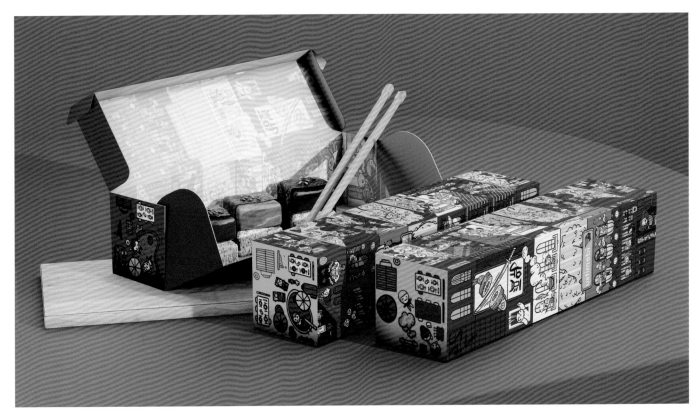

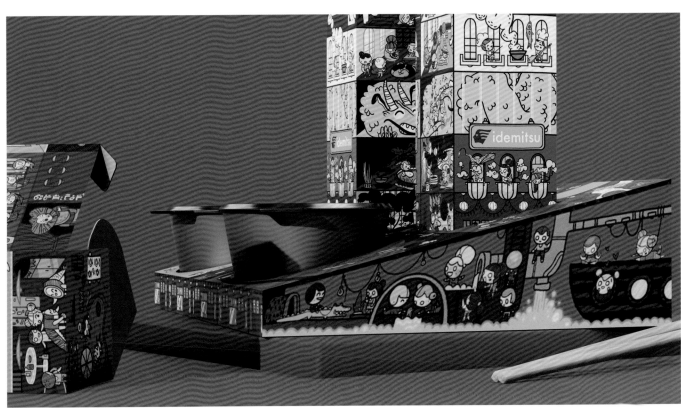

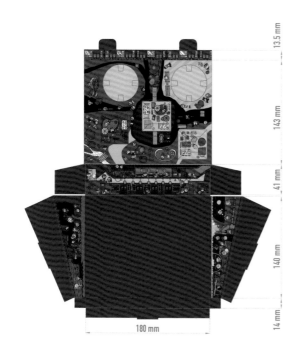

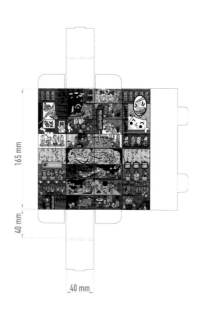

Logifaces 益智玩具

模拟产品形态的三角结构

DF：DE_FORM　CD+AD：Eniko Deri、Nora Demeczky　D：Bertalan Bessenyey、Benedek Takács、Sára Vilma Nagy　PA：Sipos Group　CL：Planbureau

❶ 结构

❷ 材料

❸ 色彩

包装信息

材料：纸板

工艺：模切

品牌简介

Logifaces 是匈牙利建筑与产品设计工作室 Planbureau 创作的积木拼图玩具，曾获匈牙利设计奖。第一版玩具是由水泥制成的，但由于材料的脆弱性，受众较少。于是他们决定用木材做积木，木材美丽、耐用且环保，对年轻消费者来说更容易接受。

❶ 结构

　　包装盒采用三角形结构，用模切加工而成。结构的灵感来自积木的形状，而将积木组成三角形也是游戏的基础玩法。这个结构同时适用于较小的 9 块装和较大的 16 块装，大小盒有相似比例，增强系列产品的统一感。

❷ 材料

　　包装盒要具备收纳玩具的功能，因此用坚固且耐用的纸板材料，以经受住频繁使用和减少磨损。

❸ 色彩

　　黄色是充满活力的颜色，作为主色调搭配对比强烈的黑色几何风格字体，有助于突出主视觉木材的质感和立体效果。

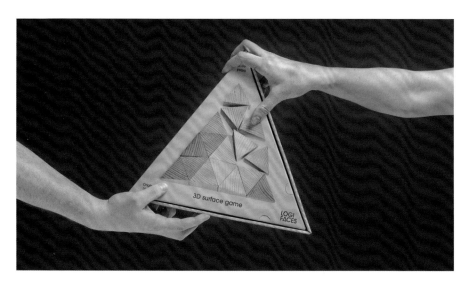

Cottonly 纸巾包装盒

融入现代家庭装修风格

DF：Soul Studio　BS：Charles Stewart　CD：Leah Procko　PH：Morning Swim Studio　CL：Cottonly

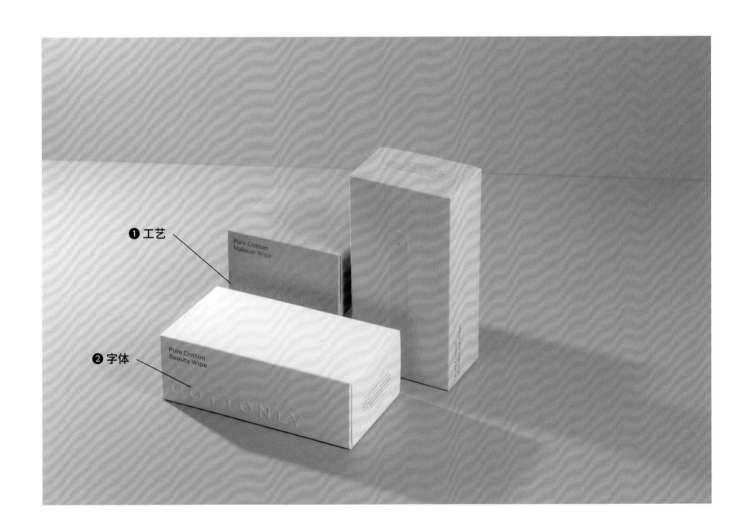

包装信息

材料：FSC 认证哑光覆膜纸板（300 克）

工艺：素击凸

品牌简介

澳大利亚护肤品牌 Cottonly，致力于用可持续方式帮助人们提升洁面质量。品牌通过在纸面设计不同的图案，应对不同的皮肤状况，而且纸巾在用完后可埋进土里堆肥。

❶ 工艺

三款湿巾包装根据各自纸面图案的特点，在表面用素击凸做出浮雕纹理和突出Logo，借此区分纸巾功能，同时增加触觉体验。干纸巾包装则通过印刷水磨石图案和大地色系，呼应当下流行的室内装修风格。

EXFOLIATING WIPE
For oily and acne prone skin types

BEAUTY WIPE
Everyday use suitable for all skin types

MAKEUP REMOVAL WIPE
A gentle and effective cleanse for all skin types

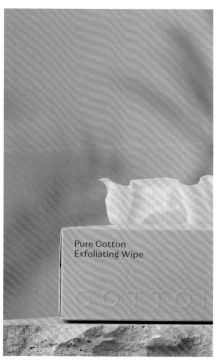

去角质湿巾

化妆（卸妆）湿巾

美容湿巾

干纸巾系列

Nude

CO M28 Y45 K18
r177 g132 b99
#b18463

Warm Gray

CO m4 y8 k17
r221 g209 b193
#ddd1c1

Light Gray

CO M2 Y3 K6
r237 g235 b228
#edebe4

Blush

C11 M19 Y22 KO
r224 g202 b189
#e0cabd

❷ 字体

字标使用德国设计师勒内·比德开发的几何无衬线体——Campton，传递柔软与平易近人的印象。

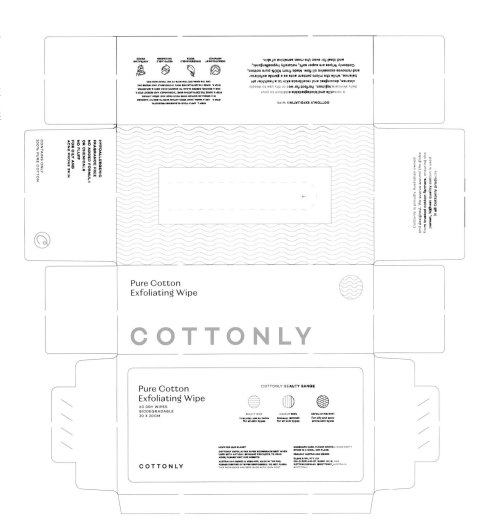

Canned Son Sardina 罐头

反映生活哲学的图形设计

★ 西班牙 Anuaria 奖、CLAP 设计奖 ★

DF：Barceló Estudio   CD+D：Xisco Barceló   AD+D：Estel Alcaraz   CL：Son Sardina Conservas

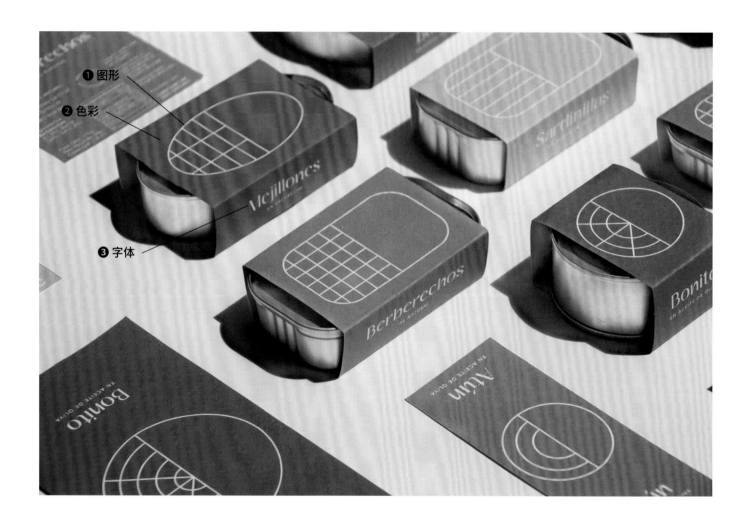

❶ 图形
❷ 色彩
❸ 字体

包装信息

材料：Fedrigoni Freelife Vellum 纸（215 克）
工艺：胶印

品牌简介

马略卡岛是西班牙巴利阿里群岛最大的岛屿，也是著名的旅游景点，在岛上有一家专门从事海鲜罐头产品分销和商业化的公司 Son Sardina Conservas。该公司希望接近年轻消费群体，让他们把海鲜罐头当成特别的东西，作为享受日常生活的方式。

❶ 图形

标签图形的设计灵感来自半杯水实验，即面对半杯水时，悲观者可能会说："只剩下半杯水了。"乐观者会说："我还有半杯水呢！"这反映了两类人群看待事情的不同角度。设计团队认为，这个实验提醒大家以看待整体的视角，反思每天的生活，他们希望在设计中把生活哲学与日常消费品罐头联系在一起。

极简的线条构成几何图形的轮廓，图形一半布满网格，另一半留白，将"半满还是半空"的结果交给消费者判定。每种罐头都有独特的代表图形，形成一套灵活的标签系统。

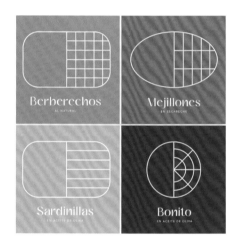

❷ 色彩

低饱和度的颜色可以塑造一种混合复古潮流和现代性的印象,引起年轻消费者兴趣,并使产品更好融入日常生活。

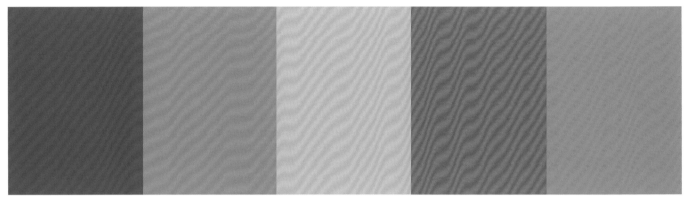

Pantone 5473 C
C 86 M 36 Y 38 K 21
R 0 G 108 B 124

Pantone 486 C
C 5 M 53 Y 46 K 0
R 234 G 146 B 128

Pantone 622 C
C 35 M 13 Y 30 K 1
R 178 G 198 B 185

Pantone 158 C
C 5 M 65 Y 92 K 0
R 229 G 114 B 36

Pantone 7563 C
C 9 M 43 Y 91 K 1
R 220 G 152 B 43

❸ 字体

罐头种类名如 Atún(金枪鱼)、Bonito(鲣鱼),使用粗细对比较高的字体;产品成分等信息,用人文主义无衬线字体。两种字体的组合形成一种视觉平衡。

Gorgeous 香料

可以装进信封的卡片包装

DF：Studio Otherness   D：Joel Derksen   CL：Lindan Courtemanche、The Gorgeous Spice Company

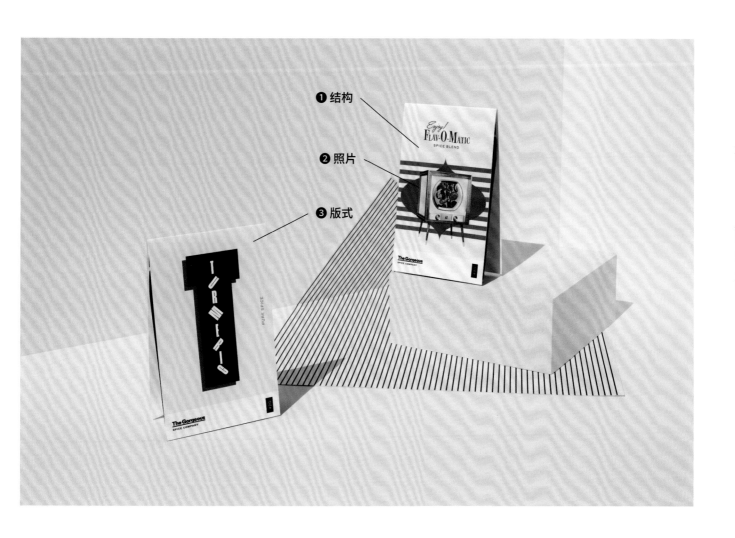

包装信息

材料：Mohawk everyday cover 纸（250 克）、
　　　哑光黑色风琴袋
工艺：数码印刷、四色印刷

品牌简介

加拿大 Gorgeous 香料公司生产单一香料和混合香料，前者主要用于特色料理，后者可以广泛用于多种食材，鼓励消费者尝试各种料理。目前，大多数消费者都是通过成为该公司会员，以订购方式每月收到邮寄的香料。

❶ 结构

出于预算成本、邮寄和方便组装等考量，包装采用卡片立牌的设计形式。在卡片里装订一个扁平的风琴袋来装香料，也方便人们将香料倒入其他容器内储存。风琴袋轻微悬空，不完全贴合卡片，对手工组装没有严格要求。将包装通过信封邮寄给消费者，就像寄出一封邀请函，邀请他们参与这个香料项目。

❷ 照片

混合香料包装参考了 20 世纪 80 年代和 90 年代黑胶唱片及杂志封面，使用公版的摄影或艺术作品为主视觉。由于 Gorgeous 每月都会为混合香料制定主题，因此包装视觉也随主题变化，通过展现相关的流行文化元素、摄影或艺术作品等，暗示主题和香料特点。比如 12 月香料有显著的意大利风味，当月主题为农神节（Saturnalia），这是古罗马在 12 月 17 日到 24 日间举行的祭祀农神的大型节日，因此包装视觉选用古罗马雕塑照片，并加入趣味元素。

混合香料包装

农神节主题的混合香料

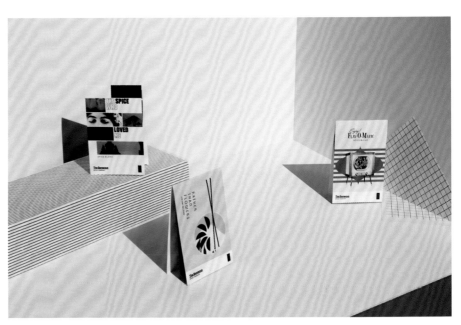

❸ 版式

单一香料包装视觉以香料名首字母为
主，使用网格系统。

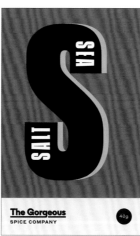

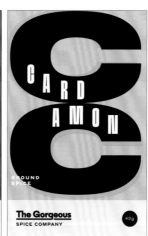

Once : Once 木制香薰

构建神圣的开箱仪式

DF：Menta　CD：Laura Méndez　D：Daniela Romero　ILL：María José Corona　PH：Liliana Barraza
CL：Erika Hernández、Vanessa Corona

❶ 结构
❷ 插画
❸ 色彩

包装信息

材料：灰色 Colorplan Real 纸（200 克）、哑光银
　　　色铆钉、打蜡红绳（60 厘米）
工艺：凸印、烫印

品牌简介

Once : Once 是一个可持续的"秘鲁圣木"香薰品牌。秘鲁圣木是一种树的名字，主要产地在秘鲁、厄瓜多尔等南美洲地区。这种树的生命完结后，可直接取用其充满油脂香气的木条、木粉或炼制加工成香薰精油，有净化空气、放松身心等功能。古代巫师还认为它有净化人体磁场的功效，可以辟邪。该品牌将享受秘鲁圣木的时刻当作一种仪式，相信人们在它的帮助下能洗涤心灵。

❶ 结构

包装用铆钉和绳子创造了特别的开箱体验，需要消费者花点时间才能打开，就像为自己举行一个小仪式。

❷ 插画

包装盒背面的画描绘秘鲁圣木的生长周期，有种植物学书籍的插图风格。插画旨在告诉消费者该产品是经过认证的可持续产品，在生产过程中没有砍伐树木，是在树自然死亡后才取用的木材，和消费者建立起情感联系。

❸ 色彩

灰色代表逝去的亲人、爱人、好友和祖先的骨灰，也代表本质纯洁。少量红色用于绳子和 Logo，代表点燃香薰的火焰。

Pantone 7620 C

Pantone Cool Gray 10 C

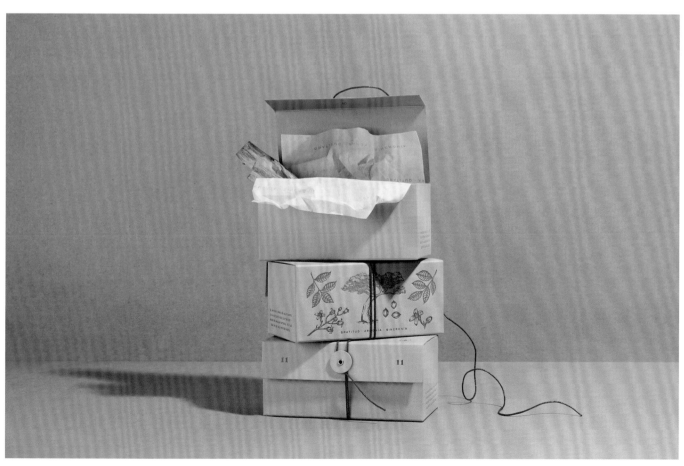

LIV Botanics 护肤品

洋溢浓郁的植物气息

DF：Giada Tamborrino Studio   D：Giada Tamborrino   CL：LIV Botanics - Organic Skincare

❶ 材料

❷ 结构

❸ 工艺

包装信息

材料：FSC 认证象草纤维纸（300 克）、
　　　100% 可回收白色包装纸
工艺：素击凸、植物墨水印刷、专色印刷

品牌简介

荷兰阿姆斯特丹护肤品牌 LIV Botanics，向消费者提供有机且高性能护肤品，主要成分包含植物提取物、高性能活性物、维生素、矿物质和其他皮肤所需的营养物质，力图贴近大自然，讲究产品的可持续性。

❶ 材料

包装材料的选用代表该品牌可持续发展的承诺。包装纸由离阿姆斯特丹市几公里的郊区种植的象草纤维制成，最大程度地减少运输过程中产生的二氧化碳排放。象草有繁殖快、产量高、质量好等优点，并且在成长中不需要施肥和杀虫，有助于改善土壤、空气和水资源。瓶子标签不含塑料，用于运输的包装箱、胶带和白色包装纸也是 100% 可回收和可循环使用的。

❷ 结构

运输用的包装盒和放在里面的白色包装纸

包装使用不需要胶水就能组装的结构，并且能固定瓶身。在平铺展示后，包装纸背面的植物插画和品牌理念文字，可以唤起人们对古老的植物学书籍的印象。

❸ 工艺

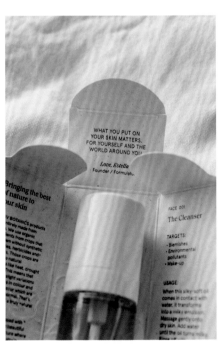

图案均采用安全无毒的植物墨水印刷。为了增强包装的触感体验，使用素击凸工艺制作山茶花图案，让品牌呈现精致、自然、简单、女性化和略带浪漫的气质。

I am printed with plant-based ink on miscanthus fibres, aka elephant grass paper, grown on Dutch soil. This grass grows fast, absorbs 4x as much CO2 as trees and needs little water to grow.

I love being a box, please make my dream come true and recycle me.

林家铺子水果罐头

让人体会到新鲜的果肉风味

DF：Design Bakery   CD：Andrew Zhai   AD：Vicky Sun   D：Lilian Li、钟祯   CL：林家铺子

❶ 版式

❷ 插画

❸ 材料

包装信息

材料：PET、PP

工艺：素击凸

品牌简介

林家铺子是一家有二十多年历史的国货罐头品牌，注重产品的生产和保鲜工艺，力保消费者吃到的都是优质水果和美妙口味。林家铺子在 2021 年委托 Bakery 重新设计品牌视觉形象及包装。

❶ 版式

为了打消人们潜意识中水果罐头不新鲜的想法，在包装上用显眼的大字标明水果名称，而不是"某某罐头"，并配合鲜果插画传达"买罐头就是买鲜果"的概念，最大限度地让人感受到产品的新鲜感。

❷ 插画

鲜果插画用国潮风手绘，加以灯笼形状的边框做装饰，旨在延续林家铺子经典的灯笼形标签，在创新同时突出品牌既有的特点。

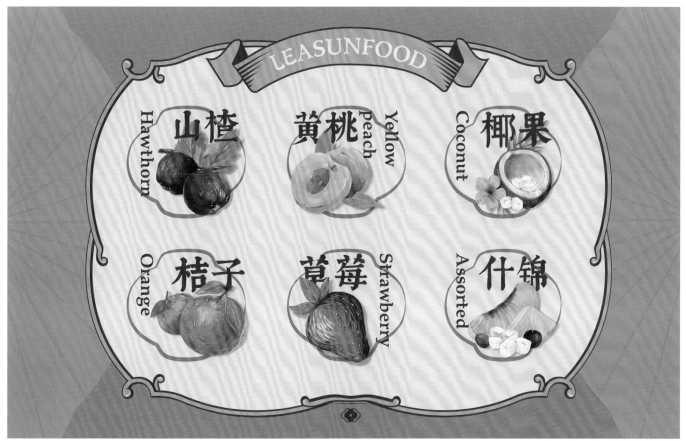

Pantone 573 U
C 25 M 0 Y 16 K 0
R 187 G 233 B 222

Pantone 706 U
C 0 M 22 Y 7 K 0
R 255 G 202 B 212

Pantone 134 U
C 0 M 13 Y 58 K 0
R 255 G 211 B 120

Pantone 134 U
C 0 M 17 Y 30 K 0
R 255 G 202 B 157

Pantone 7436 U
C 0 M 12 Y 1 K 0
R 243 G 213 B 237

Pantone 1345 U (65%)
C 0 M 25 Y 47 K 0
R 255 G 211 B 143

❸ 材料

　　挂卡标签形式能让包装视觉醒目，也不遮挡罐头里的果肉。标签使用了 PP 材质，特点是不易被撕毁，也保证了它在产品运输过程中不易脱落，而且挂在罐头上既有垂感，还有挺拔、平整的感觉。

Shroom Forest 蜡烛

吸引年轻群体的迷幻趣味包装

DF：loof.design　CD+AD+D：胡拓梦　CD：陈梓源　AD：封彤、李瑞杨　CL：Shroom Forest

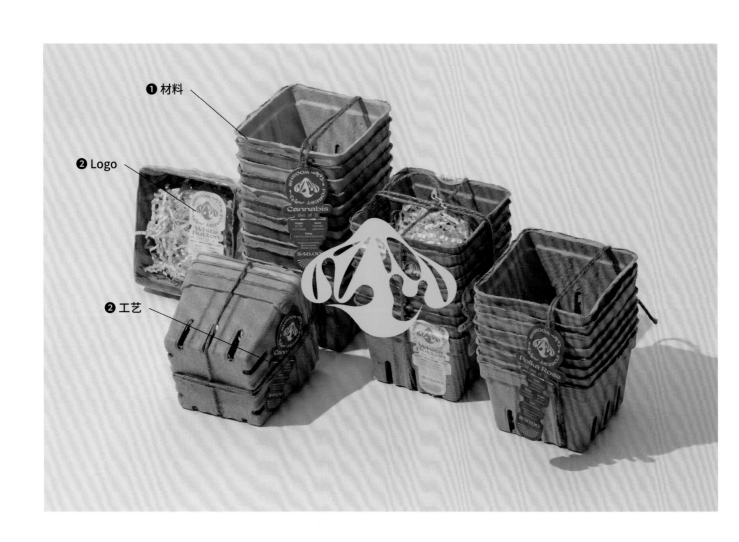

包装信息

材料：纸浆注塑盒、背胶哑光铜版纸（150 克）、覆
　　　膜哑光铜版纸（250 克）
工艺：四色印刷、异型模切

品牌简介

艺术家陈梓源于 2021 年在纽约成立了香薰蜡烛工作室 Shroom Forest，亲自设计开发并手工制作蘑菇造型的蜡烛，理念是"将迷幻时尚融入自然造型"。该品牌面向更加注重潮流生活和艺术品质感的 Z 世代（1990~2009 年出生的人），所以品牌的视觉定位更加偏向潮流和亚文化群体。

❶ 材料

设计团队根据产品理念，提出"迷幻市场"的品牌形象概念。他们认为蜡烛造型的灵感——蘑菇，本身就是农产品，可以让人产生市集及生鲜市场的联想，并映射品牌会频繁出现在各类创意市集中。因此包装采用真实生鲜市场会用到的纸浆注塑盒，比如鸡蛋就常用该类型的包装，还在盒外包裹一层透明的塑料膜，贴上或挂上价格标签，使得 Shroom Forest 的品牌形象充满趣味性。

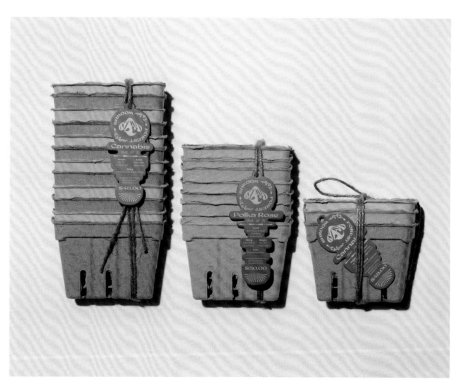

② Logo

图标由蘑菇、蜡液和树木三种简单的元素构成，用酸性风格设计，这种风格在视觉上给人迷离、科幻之感，几何图形与高饱和的颜色都是常见元素。

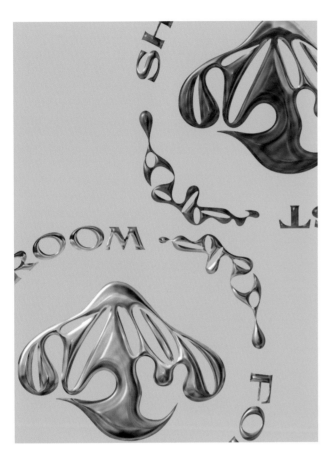

C 0 M 1 Y 9 K 0

C 0 M 0 Y 0 K 0

C 0 M 30 Y 0 K 0

C 80 M 0 Y 47 K 0

C 50 M 38 Y 23 K 0

C 76 M 57 Y 20 K 0

C 89 M 63 Y 0 K 0

C 11 M 0 Y 19 K 0

C 0 M 21 Y 100 K 0

C 87 M 22 Y 55 K 0

C 0 M 0 Y 0 K 100

C 0 M 0 Y 0 K 0

❸ 工艺

用异形模切裁切出标签曲折的轮廓，而且依据文字信息可以调整其形状和长度。标签上端视觉固定为品牌 Logo，下端为菌根图形。在这一灵活的排印系统下，有利于标签随产品生成丰富的样式。

42mm×96mm   55mm×92mm   50mm×98mm   62mm×98mm   58mm×110mm

凉方 LF Herbify 软糖

图形可视化产品功能

DF：Nicelab Studio   CD：盛健   D：韩沚伶   CL：凉方 LF Herbify

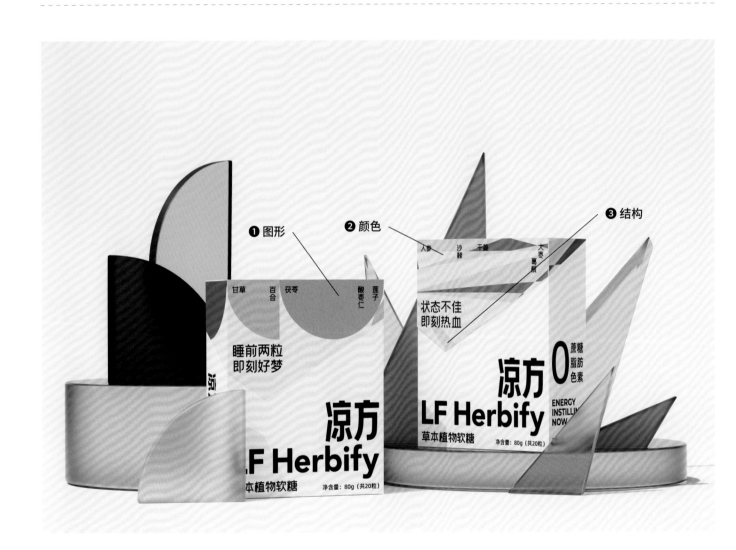

❶ 图形

❷ 颜色

❸ 结构

甘草　百合　茯苓　酸枣仁　莲子

睡前两粒
即刻好梦

凉方
LF Herbify
草本植物软糖　净含量：80g（共20粒）

人参　沙棘　干姜　大枣葛根

状态不佳
即刻热血

凉方
LF Herbify
草本植物软糖　净含量：80g（共20粒）

0 蔗糖
脂肪
色素

ENERGY
INSTILLI
NOW

包装信息

材料：萡长白卡纸（350克）

工艺：胶印、模切

品牌简介

"凉方 LF Herbify"是一个致力于打造年轻人喜欢的草本功能性软糖品牌，旨在带来耳目一新的国人养生新指南，让人们通过摄取草本元素，获得身心健康，感到心情愉悦轻松。品牌目前主要有"睡眠糖"和"热血糖"两个产品。

　　包装设计主要基于产品的功能性表达。在中国传统文化中，月相与睡眠有所关联，因此在"睡眠糖"包装上用抽象图形表达月相变化；"热血糖"图案灵感来自钻石，意指"你的元气像钻石一样珍贵闪耀"，通过大量的三角形组合表现。

"睡眠糖"包装视觉元素和灵感图

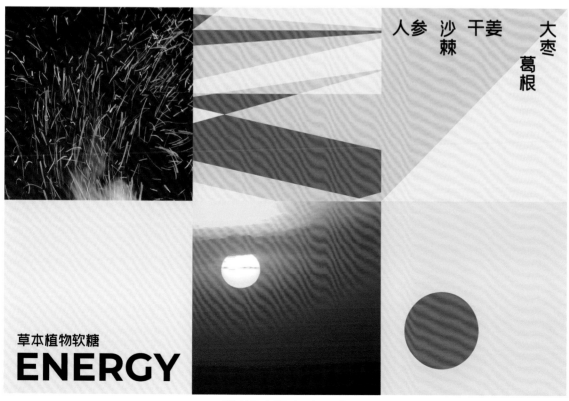

"热血糖"包装视觉元素和灵感图

❷ 色彩

从包装配色上对两种糖的功能性做明显区分。"睡眠糖"颜色从中国传统色中提取，正面颜色饱和度稍低，反面是沉稳静谧的深蓝色；"热血糖"正面颜色比较浓烈，反面是凉爽轻快的浅蓝色。

| C 89 M 64 Y 9 K 0 | C 4 M 9 Y 33 K 0 | C 2 M 8 Y 18 K 0 | C 56 M 0 Y 66 K 0 | C 62 M 67 Y 65 K 15 | C 0 M 51 Y 76 K 0 |

"睡眠糖"包装

| C 27 M 0 Y 0 K 0 | C 0 M 0 Y 63 K 0 | C 0 M 16 Y 100 K 0 | C 0 M 81 Y 93 K 0 |

"热血糖"包装

❸ 结构

盒盖为三角形，利用三角尖端的指向性，引导消费者看向开盒的地方。

不二家 nectar 果汁

优化消费者的饮用体验

DF：cosmos inc.　CD+AD：内田喜基　D：和田卓也、细川华步、长山诗织　CL：株式会社不二家

❶ 材料

❷ 工艺

❸ 图案

包装信息

材料：PET、热收缩膜
工艺：四色印刷、专色印刷

品牌简介

日本不二家旗下的 nectar 果汁饮料始于 1964 年，是不二家的长销产品。名字"nectar"来自希腊神话，传说是众神饮用的琼浆玉液。该产品在制作过程中将整个水果鲜榨，并留下细腻的果肉颗粒，打造丰富的口感，受到不同年龄段消费者的喜爱。

❶ 材料

　　该系列饮料有 PET 瓶、易拉罐、纸盒等不同材质的包装。PET 瓶可以让人看到里面的果汁和果肉，便于携带；易拉罐大大延长了食品的新鲜口感，让果汁闻起来更香浓，宽敞的开口使得颗粒较大的果肉也能很好倒出；较小的纸盒则可以让儿童安全饮用。

PET 瓶　　　　　　易拉罐　　　　　　纸盒

❷ 工艺

　　包装使用了热收缩膜标签,利用蒸气、红外线等进行热处理后，标签会沿着容器的外轮廓收缩，紧贴在容器表面，因此要考虑标签产生的变形问题。在设计时，设计师预先将标签图案稍微横向拉伸，以确保标签收缩后还能展现较好的图案效果。

❸ 图案

　　新鲜的水果图案能让人产生食欲。在彩色背景下创造出动感和飘浮感，创造柔和、美味和欢乐的印象。

 C 0 M 100 Y 60 K 10
R 215 G 0 B 63

 C 65 M 0 Y 0 K 0
R 55 G 190 B 240

 C 0 M 70 Y 100 K 0
R 237 G 108 B 0

 C 100 M 100 Y 0 K 0
R 29 G 32 B 136

 Gold

 Silver

SHEERS 眼妆

以中性风传递品牌态度

DF：ichi design inc.　D：大凑一章　CL：ELIZABETH Co.,Ltd.

❶ 字体

❷ 色彩

包装信息

材料：FSC 认证白色哑粉纸
工艺：烫哑光金、哑光清漆印刷、三色印刷

品牌简介

日本眼妆品牌"SHEER"的名字意为纯粹、几乎透明的，表达对化妆的纯粹享受。同时名字里还包含代表男女的"HE"和"SHE"，目的是创造中性、透明感的形象，打造适用于所有人的无性别化妆品。品牌认为化妆不仅仅是女性特权，男性也可以使用眼线和睫毛膏来修饰"心灵的窗户"。

❶ 字体

英文字标使用 1997 年诞生的经典无衬线字体 DIN Condensed Bold，风格干净柔和。字体排版遵循网格系统，最后一个字母 S 反转，象征这是非女性专属的，是无性别品牌。

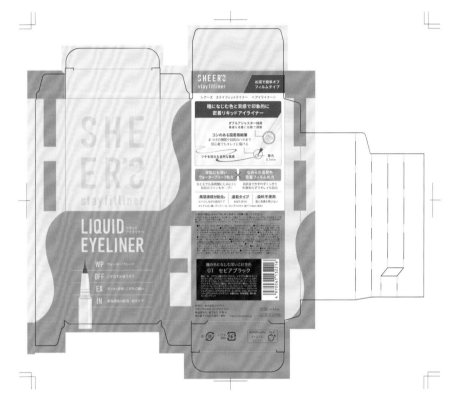

❷ 色彩

灰色和米色为包装主色调，Logo 烫印哑光金箔，包装盒、产品外壳也使用哑光材质，整体表现低调的中性风格。

Pantone 407 U
C 39 M 36 Y 33 K 0

Pantone Cool Gray 1 U
C 10 M 9 Y 10 K 0

C 0 M 0 Y 0 K 100

dō 护肤品

体现传统阴阳学说之美

★ Dieline Awards 包装设计奖银奖 ★

CD+AD+D：大岳一叶　CL：Edge Office

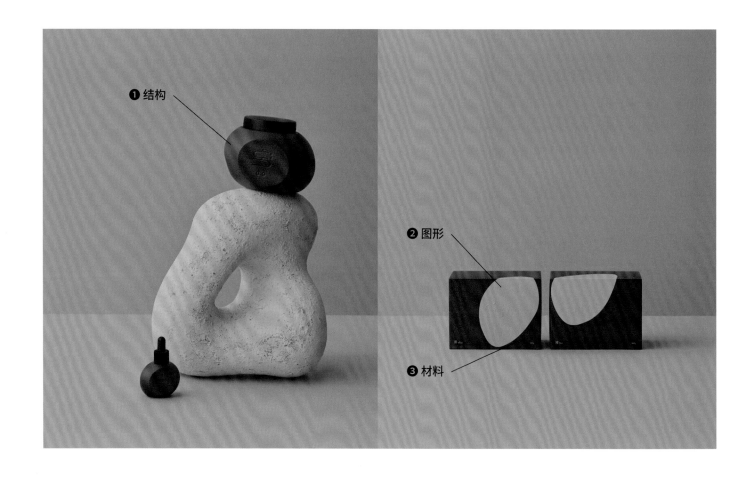

❶ 结构

❷ 图形

❸ 材料

包装信息

材料：BIO 塑胶

工艺：大豆油墨印刷

品牌简介

dō 是诞生于日本的身体护理品牌，名字来源于日语"どう"，意思是土，代表阴阳五行中的土元素，而汉字"土"还可以看作加（+）、减（-）符号的组合，象征着阴阳。dō 的发音还接近英文 dough，有面团的意思。品牌提出将基于阴阳学说的健康和美容之道引入日常生活中，所有产品都有中药材提取物，帮助人们的身体达到健康平衡。

❶ 结构

瓶身设计灵感来自品牌名中的"土"，使用不对称的自然有机形状。在制作雕塑时，会用刮刀涂抹或刮掉黏土痕迹，瓶身上扁平的形状就是模拟了这种刮痕，也以此体现加减含义的阴阳法则。

❷ 图形

外包装盒上不规则的色块和深红色，出自美籍华裔艺术家廖凤敏的画作，她将自己的画描述为"阴的美"。

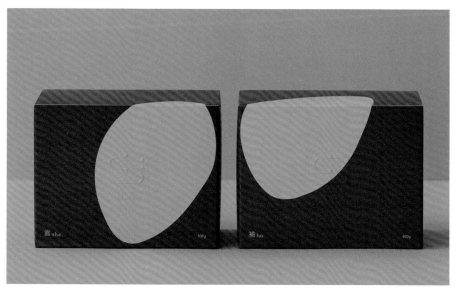

❸ 材料

礼品系列采用日本传统的风吕敷 [1] 包装方式，所用的布除包装，还可以用作其他用途，以鼓励人们珍惜和爱护世间万物。

[1] 日本传统上用来搬运或收纳物品的四方包袱布。最早出现于奈良时代，在室町时代末期被称为风吕敷。

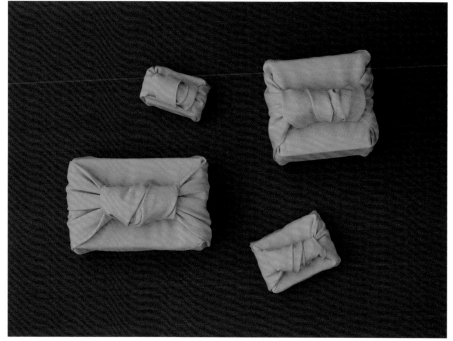

四季之诗牛奶糖

清新自然的纸上露营体验

★ DFA亚洲最具影响力设计奖优异奖 ★

D：联合文学　ILL：慢熟工作室　CL：森永牛奶糖

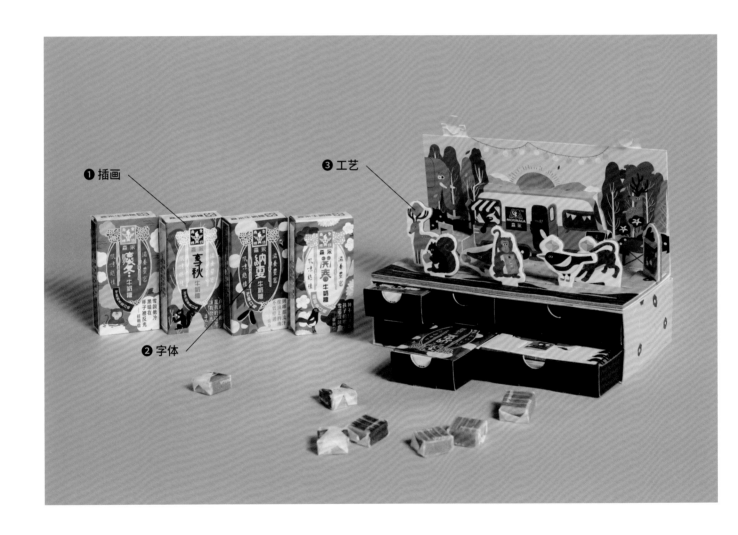

❶ 插画

❷ 字体

❸ 工艺

包装信息

材料：纸板

工艺：硬纸板裱白卡、彩色印刷、覆哑膜

品牌简介

在迎来 60 周年之际，森永牛奶糖携手《联合文学》杂志推出周年限定款四季之诗牛奶糖，以当地食材调配出铁观音、芒果、豆沙咸蛋黄、芋泥西米露四种新口味，分别命名为开春、纳夏、享秋、怀冬，邀请诗人以四季为题写诗，并邀慢熟工作室绘制包装插画。随后森永推出了配套文创礼盒：森永四季游乐园，加入纸偶游戏和抽屉功能，使之成为大人小孩都喜欢的礼品。

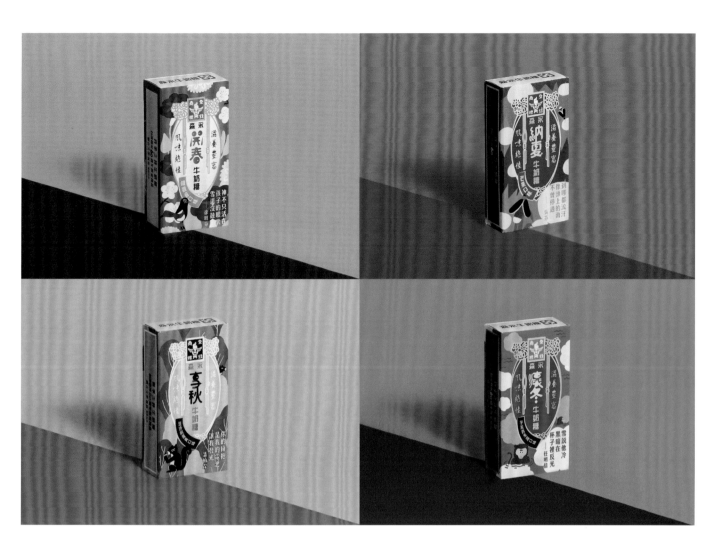

❶ 插画

在牛奶糖包装上描绘四季景色和动物，比如"开春"为粉嫩的植物和喜鹊；"纳夏"呈现浓浓绿意和萤火虫；"享秋"绘制由黄转红的落羽杉和松鼠；"怀冬"是暖暖的温泉与台湾猕猴。森永四季游乐园礼盒延伸四季概念，结合流行的露营活动，在礼盒上盖设定有露营车的森林背景，并附赠动物纸偶小册，邀请消费者自己动手搭建"游乐园"。

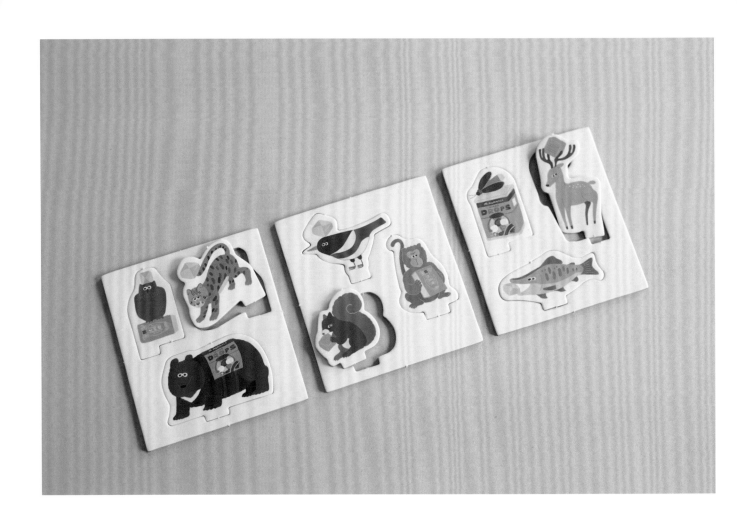

❷ 字体

设计师为口味名称设计了原创字体，"开春"字体较圆润，融入春联的意象；"纳夏"结合夏天雷雨交加的特点，在字体中加入闪电和雨水元素；"享秋"则在享字里藏了一只鸟，代表秋天迁徙的鸟类；"怀冬"选取河川和雪的元素，体现冬日寒意。

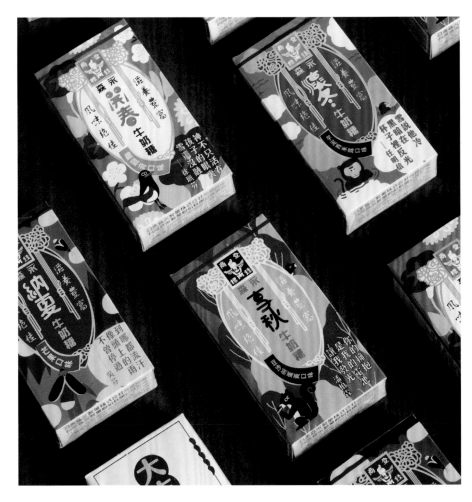

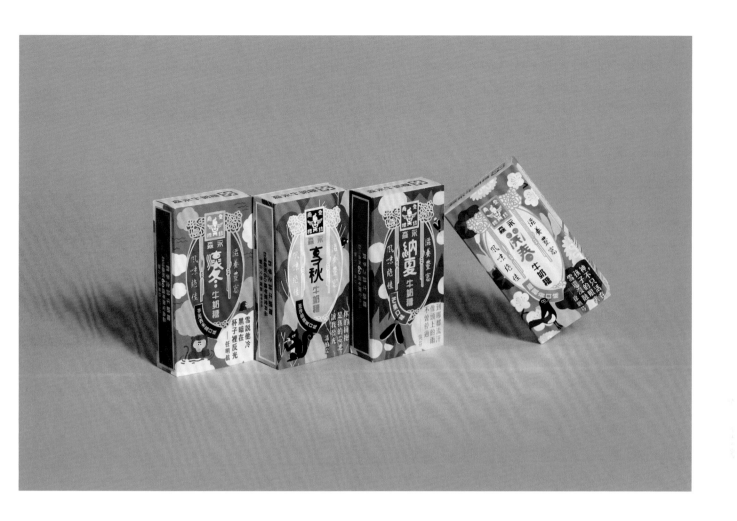

❸ 工艺

　　礼盒顶部的凹槽用人工切割方式做出理想大小，以配合纸偶的厚度，让纸偶更好地立起。同时，为了使作为背景的盖子稳固地立住不倒，让露营车和帐篷部分作为纽带链接起盖子与盒顶。这款礼盒额外设计了一有手提带的包装，方便携带。

铃こなみ腌鱼

创造海风拂面的视觉效果

DF：Peace Graphics   CD+AD+D：平井秀和   D+ CW：瀬川真矢   ILL：Clemens Metzler   CL：Suzunami Co,Ltd.

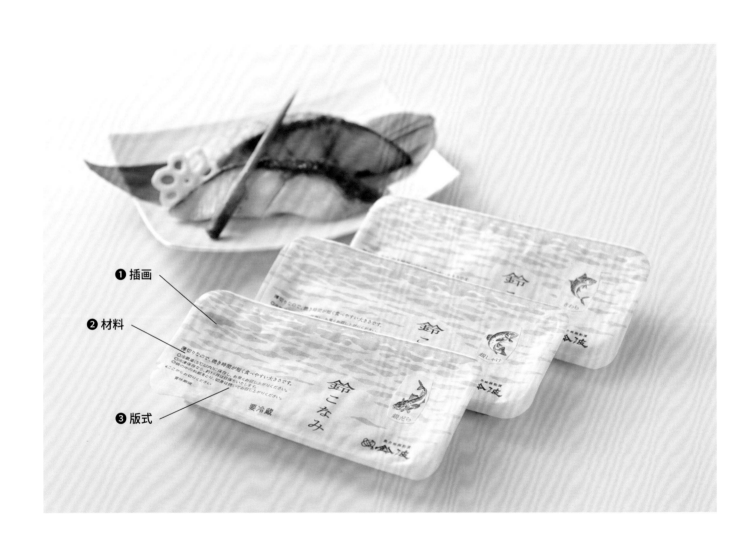

❶ 插画

❷ 材料

❸ 版式

包装信息

材料：回收牛奶盒、乙烯基、和纸
工艺：胶印、凹刷、烫金

品牌简介

铃波是日本名古屋有名的美食品牌，旗下厚切铃波腌鱼一直广受好评，这是一种放到酒糟中腌制而成的烤鱼食品。但由于该食品分量大，烤制相当费时，而且包装设计不够精美，因此不适合送人。为了吸引懂吃的中老年消费者和有送礼需求的人，品牌发售了新产品——薄切腌鱼，命名为铃こなみ，意思是"铃小波"。

❶ 插画

　　礼盒覆盖半透明包装纸，在纸的反面印刷水彩波浪图案，表现产品名中的波浪意象，图标烫金表现汉字"铃"（也指金属乐器）的质感。内包装延续了波浪视觉，多个包装整齐排列后就像大海蔓延开来，富有视觉冲击力。在包装右上角贴了写实风的鲜鱼插画贴纸，用来区分鱼肉的种类，旨在让消费者了解更多鱼类知识。

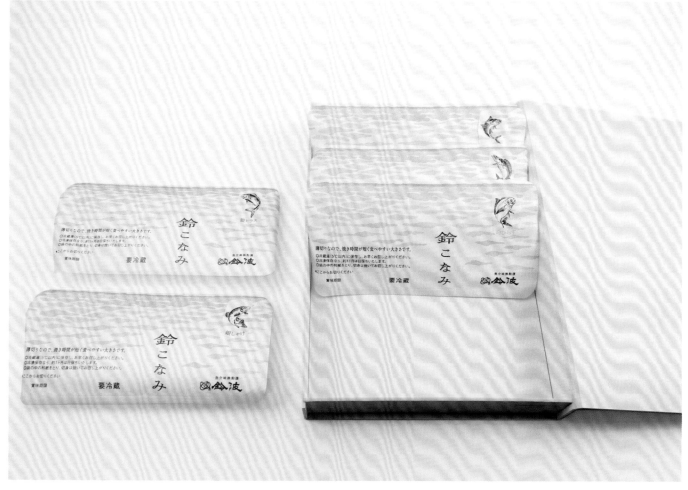

銀ヒラス

銀だら

金目だい

銀しゃけ

白ひらす

みなみかじ
かます

さわら

カラス
カレイ

鱼类插画贴纸

❷ 材料

礼盒使用了回收牛奶盒子印上木纹制成，重视环保的同时打造高级质感。内包装使用乙烯基软塑料，能让食物保存得更久，并在塑料上贴一层和纸。

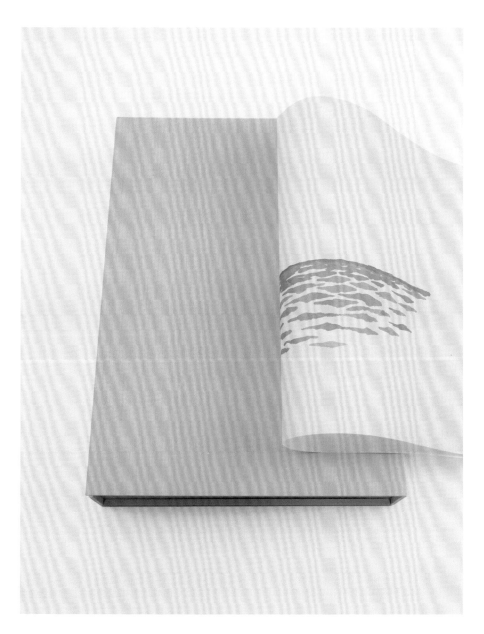

鈴こなみ

❸ 版式

产品名"鈴こなみ"的字体线条呈波浪状，文字尽量放在包装正下方，如此才能创造连贯的波浪效果。由于担心目标消费人群，即中老年群体有老花眼看不清文字的情况，设计师特地将注意事项的文字放大。

HAKKO GINGER 啤酒

突出品牌健康活力的形象

DF：NEW.inc   CD：倉内法生   AD+D：石塚雄一郎   CL：Delicious From Hokkaido

❶ 版式
❷ 色彩
❸ 材料

包装信息

材料：玻璃瓶、和纸贴纸、瓦楞纸、橡皮图章
工艺：胶印

品牌简介

HAKKO GINGER 创始人前田伸一曾在澳大利亚生活，那里的姜汁啤酒[1] 给他留下了深刻的印象。但对许多日本人来说，姜汁啤酒还是种陌生的饮品。回到日本后，前田伸一经过自学，研究开发了自己的姜汁啤酒品牌，也就是 HAKKO GINGER。原料取自日本本土种植的生姜、柠檬和红辣椒等，用北海道的虾夷山樱酵母进行发酵。发酵是制作过程中的核心步骤，品牌名中的"HAKKO"就来自发酵的日语，也包含数字 8 的意思，意指 7 种原料数量和 1 种制作激情。

[1] 起源于古代英国酒馆，当时人们喜欢在酒里加香草和生姜粉等调味料，后来发展成用生姜做主料酿造的不含酒精的饮品，具有化痰止咳、醒酒抗晕等功效，儿童孕妇都可以饮用。

❶版式

因为姜汁啤酒在日本比较小众，所以设计师用个性化瓶身标签来吸引眼球，鼓励人们拿起这款产品。标签设计以字体排版为基础，让瓶子看起来像一个药瓶，表达产品的健康属性，并设计雷达图指出 7 种原料成分的比例和代表激情的"PASSION！"，其中文字"PASSION！"跳出雷达图外，形象幽默地展现制作者激情洋溢，同时通过这一设计让人感到心情愉悦。

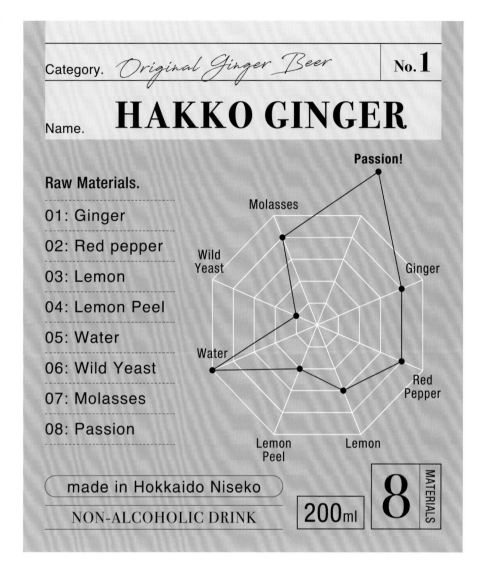

❷色彩

标签主色调随口味发生变化，比如蜂蜜口味为亮黄色，草莓口味为淡粉色，葡萄口味为淡青色。虽然排版设计看上去简单，但由于色彩多样化，为品牌营造了有趣的形象。

❸材料

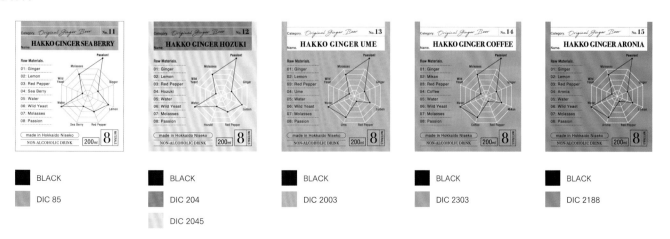

■ BLACK	■ BLACK	■ BLACK	■ BLACK	■ BLACK
■ DIC 85	■ DIC 204	■ DIC 2003	■ DIC 2303	■ DIC 2188
	■ DIC 2045			

BLACK

TOYO CF 10208

BLACK

TOYO 10074

BLACK

DIC 2102

DIC 2110

BLACK

DIC 324

BLACK

DIC 105

DIC 2219

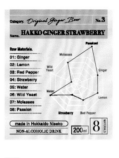

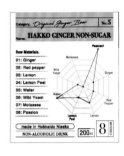

BLACK

TOYO 24 中黄

TOYO 10594

BLACK

TOYO 10188

BLACK

DIC 2004

DIC 2015

BLACK

DIC 2210

BLACK

DIC 10594

外包装盒采用牛皮瓦楞纸，表达健康饮品的纯天然感，并用贴纸和邮票戳加强设计感。贴纸选用日本药瓶常用、有纹理的和纸制作，利用触感勾起人们对药瓶的印象。

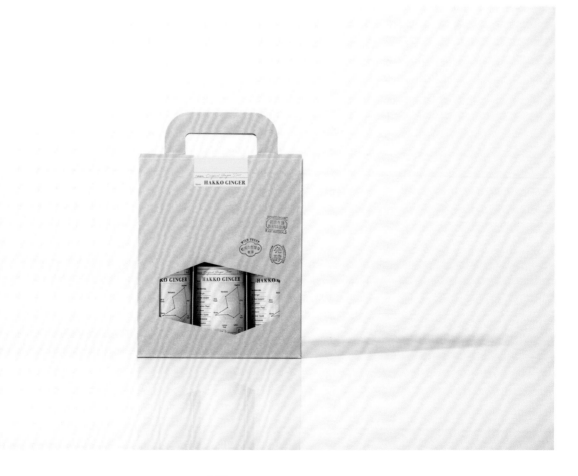

Aquira 洗发皂

高级感的实用型设计

D：Rosana Sousa、Sofia De

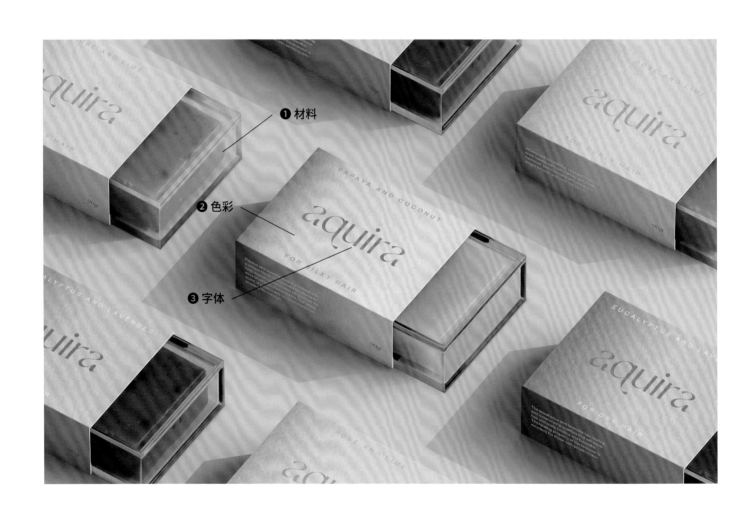

❶ 材料

❷ 色彩

❸ 字体

包装信息

材料：Munken Pure 纸（250克）、亚克力板（3毫米）
工艺：胶印

品牌简介

Aquira 是葡萄牙洗发皂品牌，用环保材料为消费者提供贴心的购物及使用体验。洗发皂有木瓜椰子、薰衣草桉树、玫瑰青柠三种香味，都具备温和的护发功效。

❶ 材料

　　包装采用亚克力材质的盒子，可以避免肥皂在运输中受到挤压而变形，消费者也可以把它当成肥皂盒循环使用。亚克力作为容器，易于清洁和保持产品卫生，透明有质感的外观符合大众审美。为了提高使用体验，设计团队在亚克力包装盒底部设计多个小孔，有助于沥水、保持肥皂干燥。

❷ 色彩

　　外包装纸印刷富有高级感的色彩渐变，是吸引有审美品位的年轻消费者的重要因素之一。渐变色、肥皂本身的颜色与亚克力的颜色相互搭配，展现一种和谐的美感。

R 226 G 216 B 200
C 14 M 14 Y 23 K 0

R 237 G 104 B 73
C 0 M 71 Y 71 K 0

R 95 G 133 B 117
C 65 M 31 Y 54 K 14

R 190 G 179 B 209
C 29 M 31 Y 6 K 0

R 218 G 224 B 136
C 20 M 2 Y 58 K 0

R 233 G 134 B 154
C 4 M 59 Y 23 K 0

❸ 字体

品牌 Logo Aquira 选用古典主义风格字体 Gallery Modern，线条的粗细对比度较高，且弯曲几乎呈液体状。Logo 与包装纸背面泡沫图案的不规则线条呼应，极具装饰性。另一款风格简洁的怪诞字体 Founders Grotesk 用于正文，与 Logo 字体产生对比。

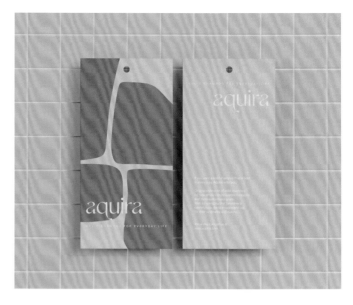

Blue Peach Cheese 洁颜块

清新可爱的奶酪饼形外观

DF：三名治股份有限公司　CD：唐启尧　AD：黄俊尧　D：陈苇如　CL：Blue Peach

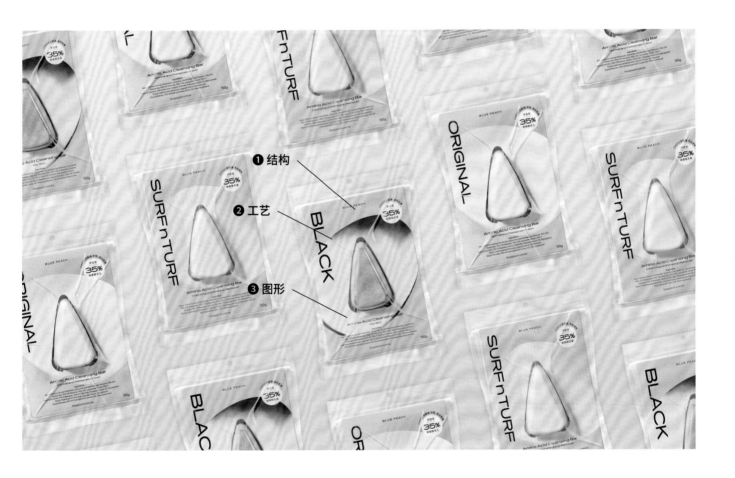

❶ 结构

❷ 工艺

❸ 图形

包装信息

材料：双面瓦楞纸、42T 白卡

工艺：覆哑膜、轧型、手工成型

品牌简介

品牌 Blue Peach 开发了名为 Cheese 洁颜块的固体洁面皂，由 35% 以上的氨基酸表面活性剂和其他温和原料制成，不含皂基，温和亲肤。目前品牌共推出三款不同功效的产品，面向 18~30 岁女性消费群体，提倡简单、直接、高效的洁面方式。

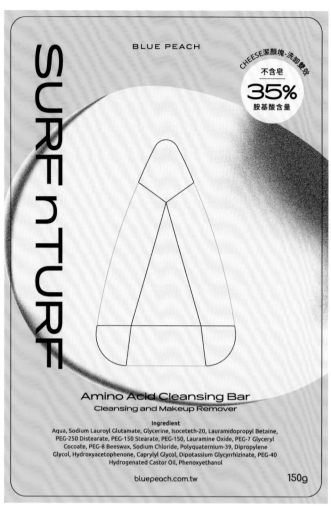

纸板底托，中间有三角形凹槽

❶ 结构

由于氨基酸洁颜块怕热，且质地较软，易受损，如果采用肥皂普遍用的防油纸和纸盒包装，容易造成肥皂表面不美观的刮痕。也因为洁颜块的软质特性，设计团队联想到奶酪，所以在结构上参考了三角奶酪的包装造型。设计团队原打算采用热塑模或透明壳方式包装，但在轻量和成本考量下，选择了纸板做底托，套上透明夹链袋真空密封。

❷ 工艺

纸底托中间设计了三角形凹槽，为了让洁颜块稳妥地固定于凹槽中不滑动，设计团队多次微调结构、凹槽尺寸和高度，确保产品在运输中不易被撞伤，以及方便进行后续的真空包装。在真空包装过程中，由于做底托的瓦楞纸厚度较薄，容易因压力过大导致纸张变形，因此对真空时间和压力进行了严格把控。

❸ 图形

底托上圆润、不规则的泡泡图形，灵感来自揉搓洁颜块或洗脸时产生的泡沫。图形在轻盈中带有漂浮感，给人清洁皮肤带走污垢的动态想象。

BLUE PEACH

全新潔顔塊系列
CHEESE
Amino Acid Cleansing Bar

ORIGINAL

不含皂
35%
胺基酸含量

Amino Acid Cleansing Bar
Normal and Combination Skin

Premium Ayu Gift 鲇鱼

再现产地琵琶湖水面波澜

★ Pentawards 包装设计铜奖、日本包装设计协会奖 ★

DF：南政宏设计事务所　D：南政宏　CL：木村水产株式会社

❶ 结构

❷ 工艺

包装信息

材料：泡桐木、Daiwa Itagami 深色系列海军蓝纸板
　　　（310克）

工艺：日本清漆印刷、金色油墨印刷、模切

品牌简介

日本滋贺县木村水产，在日本最大的湖泊——琵琶湖中养殖鲇鱼。生产者精心挑选肥美的带卵鱼，用酱油卤制成味道浓郁的食品，面向想购买高端礼品的群体。

❶ 结构

包装设计旨在唤起消费者对琵琶湖的印象，因此，纸盒采用立体波浪造型，在前后端都有开口，既可以作为单独的包装销售，也可以将多个包装放进泡桐木礼盒，因为日本自古就有用泡桐木盒送礼的习惯。

设计草图

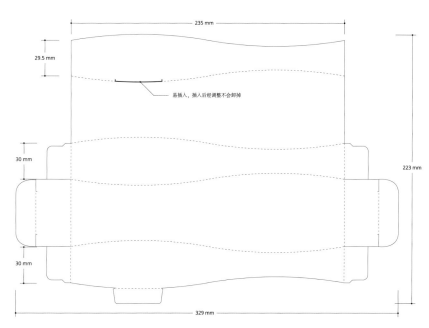

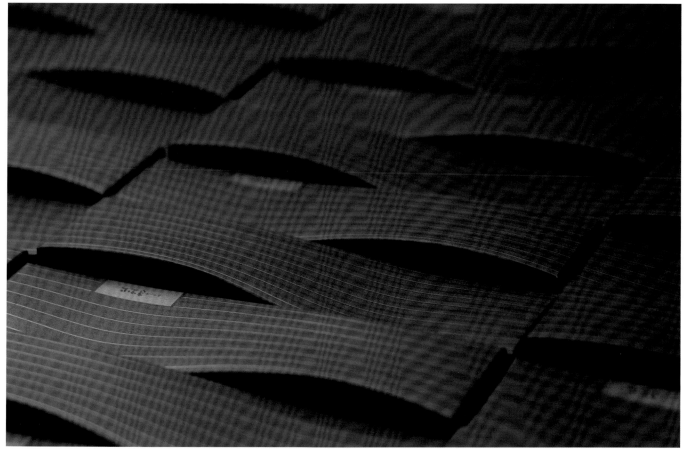

❶ 结构

❷ 工艺

包装盒材料选择海军蓝颜色的纸板，并用金色和日本清漆印刷线条，绘制波浪图案。

日ノ茜绿茶

渐变色表现茶水特点

★ Topawards Asia设计奖 ★

DF：Cement Produce Design　D：志水明　CL：吾妻化成株式会社

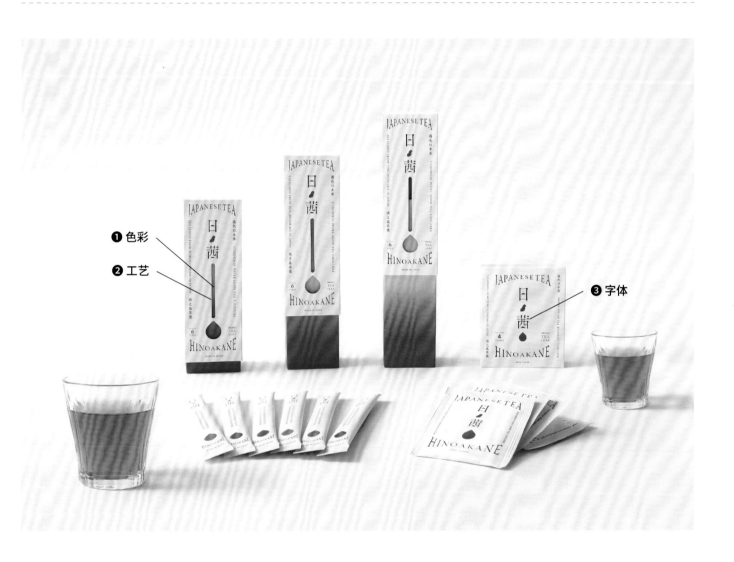

❶ 色彩
❷ 工艺
❸ 字体

包装信息

材料：Nippon Paper Group Be Light 卡纸
工艺：四色印刷、模切

品牌简介

日本鹿儿岛县德之岛的绿茶品牌"日ノ茜"，原料采用当地生产的"太阳胭脂"茶叶。这种茶因为花青素作用，在茶水里加入柠檬汁、橘醋和碳酸饮料后会变成红色。产品名中的"茜"指日本传统色茜色（暗红色），因此"日ノ茜"可以理解为暗红色日本茶。

❶ 色彩

内包装盒四色印刷渐变色，表现茶水
颜色从绿色到红色的变化。

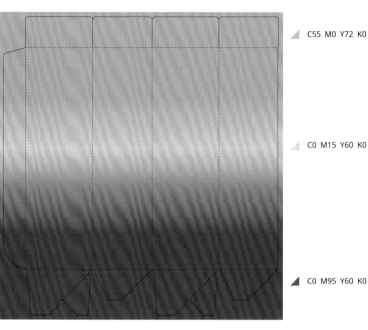

C55 M0 Y72 K0

C0 M15 Y60 K0

C0 M95 Y60 K0

❷ 工艺

外包装模切水滴形镂空，让人在滑走
外包装时，通过镂空看到颜色产生的变化，
进一步体现茶水会变色的特点。

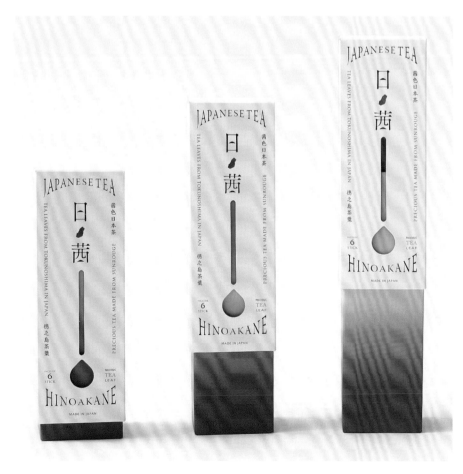

❸ 字体

　　用德之岛的地理形状表现 Logo "日ノ茜" 中的 "ノ"，"日" 字中间的一横和 "茜"字下面的一横，均以日出的太阳形象设计，表示茶叶充分汲取太阳的日光。

TOKUNOSHIMA

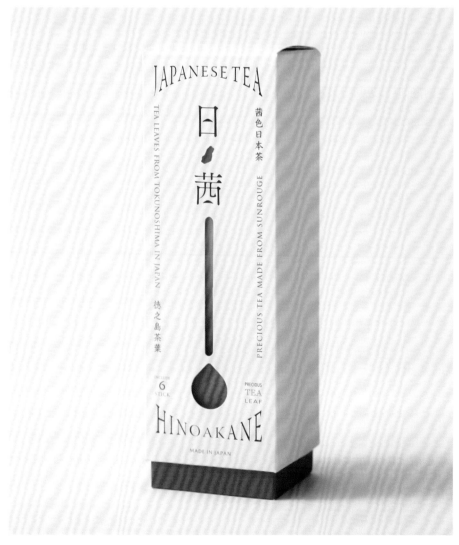

Yuper 生理用品

多元素鼓励女性直面生理期

★ 巴西设计奖银奖 ★

ST：Natália Porto、Bianca Groff   CD：Felipe Amaral   D：Ana Beatriz Nunes、Bianca Groff、Maria Laura Pereira、
Sauê Ferlauto、Carlo Barros   ILL：Alícia Camejo   PH：Duda Bussolin (Moropolo Studio)   CL：Yuper

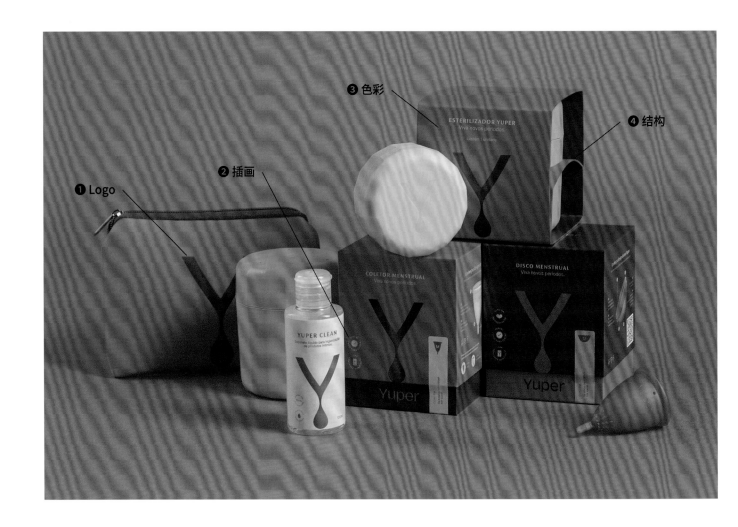

包装信息

材料：Triplex 纸（350克）
工艺：覆膜、局部上光

品牌简介

巴西品牌 Yuper 专卖女性生理用品，主要产品有月经杯和月经盘。品牌名来自 "Your" 和 "Period"
组合，Period 表示生理期。从名字开始，品牌就暗示了对月经的态度，鼓励女性不必感到 "月经羞耻"。

❶ Logo

　　包装主视觉使用字标"Y"，让人联想起时尚的女性身体曲线。在 Y 的下端融入血滴图形，表达该品牌希望女性能自由地看待体内血液的流动，不必感到月经羞耻，并且 Y 延伸到了盒盖的下边缘，其颜色与底部相同，代表血液流下来填满月经杯。在包装正面的左下方，设计强调产品优点的图标，右下方小贴纸上印了月经杯图标。

❷ 插画

　　出于可持续发展目的，该包装没有使用纸质说明书，而是直接在内包装背面印上文字说明，并特意设计辅助消费者理解的小插画。

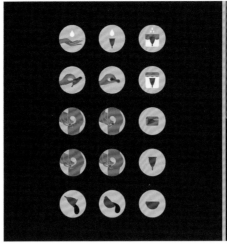

❸ 色彩

　　配色灵感来自月经开始到结束时的颜色变化，采用多种红色，不仅再次强调品牌直面月经的理念，也使得包装堆叠在货架上时产生视觉冲击。

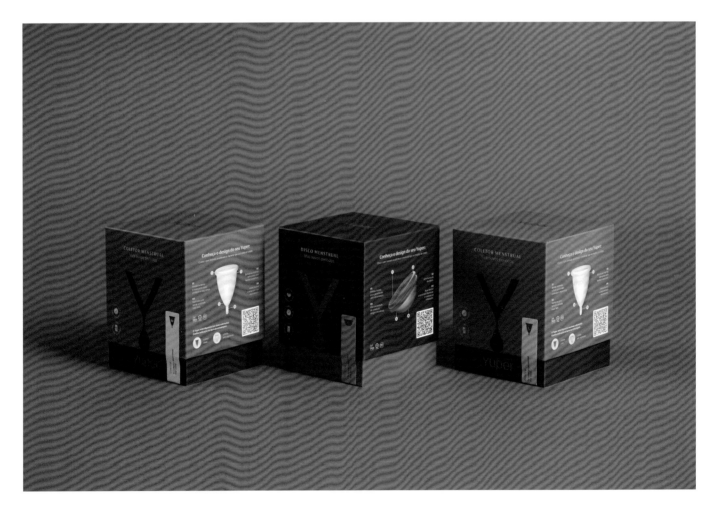

Pantone Red 032 C　　Pantone 1955 C　　Pantone 2345 C　　Pantone 169 C　　Pantone 4032 C

❹ 结构

　　消毒用品的包装采用一体式结构，减少胶水使用，并在中间模切一个可以固定瓶子的圆孔。

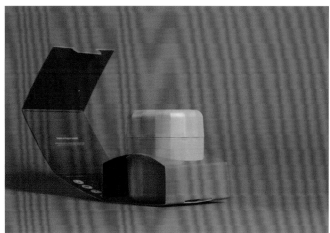

雪の日舎红薯干

多面结构讲述日本小城文化

★ Topawards Asia设计奖 ★

DF：ad house public　CD：关本大辅　AD：白井丰子　CL：雪の日舍

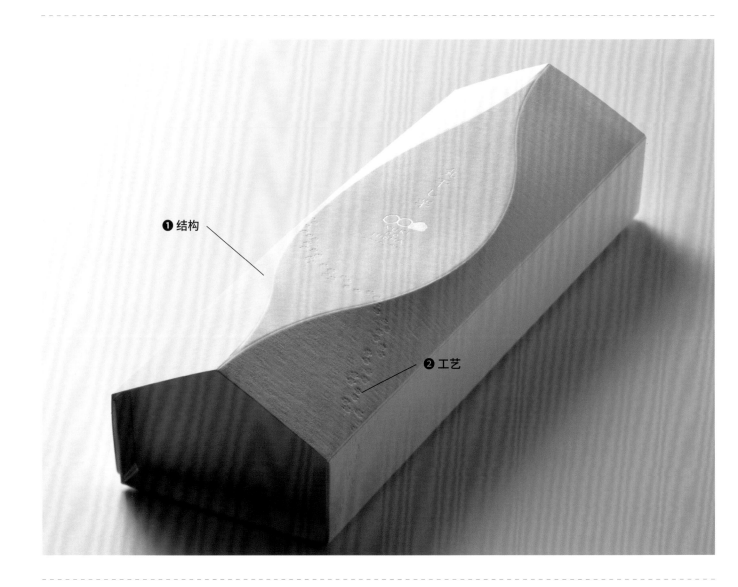

❶ 结构

❷ 工艺

包装信息

材料：气包纸 U-FS（290克）

工艺：烫银、模切、压凹

品牌简介

雪の日舍的品牌发源地在日本积雪最深的城市十日町，主要经营农产品生产、开发和销售，红薯干是其主力产品之一。在十日町，当地居民冬天时常围坐在烤炉旁，边烤红薯干边聊天，他们常说："下雪天拿着红薯干到谁家里去？"这句话透露出在这个与雪共生的小城市，人们重视人与人之间的羁绊和文化。

❶ 结构

　　为了追求高级感，且兼顾低成本。包装使用一体式结构，将质地柔软的纸材用模切加工。设计的重点在于形状，找到适当的曲线平衡来表达红薯形状是个难题。在组装时，为了避免隆起并达到美观的平衡感，形状必须经历多次重塑。从正面看，纸盒曲形的凹陷面像一块红薯；从底部看，则是一个家的造型；而将多个盒子排列一起看，就像一片连绵的雪地。

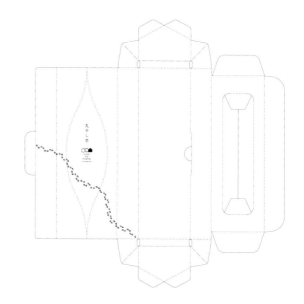

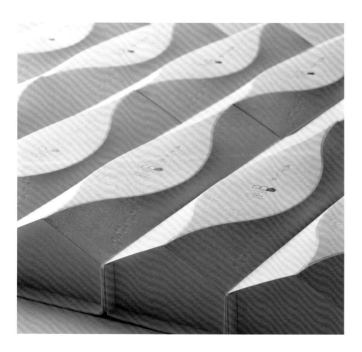

❷ 工艺

　　Logo 烫银，用压凹制作了狸猫脚印，就像狸猫走过白雪皑皑的雪地，加强了包装的故事感。

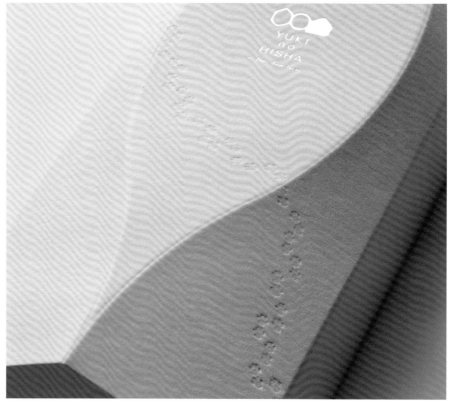

YOKAN FOR COFFEE 羊羹

将咖啡渍变为装饰图案

★ Topawards Asia 设计奖 ★

DF：SANO WATARU DESIGN OFFICE INC.　D：サノワタル　CL：都松庵

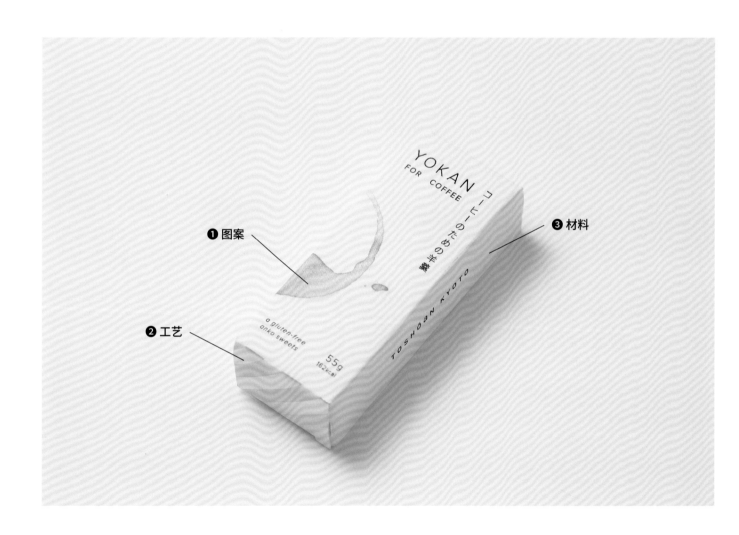

❶ 图案

❷ 工艺

❸ 材料

包装信息

材料：竹尾 SNOBLE-FS（280克）

工艺：凸印

品牌简介

成立于 1950 年的京都甜品店都松庵，开发了搭配咖啡吃的和果子羊羹"YOKAN FOR COFFEE"，这是以红豆为主材的果冻甜品，如今还发展出栗子、红薯和绿茶等不同口味。都松庵希望借此吸引享受咖啡的年轻人，以及喜欢新事物的老顾客。

❶ 图案

移动咖啡车近年来在日本掀起了热潮，许多潮流人士喜欢在社交媒体上传咖啡的照片。为了吸引这类消费者，设计师力图创造一个让人想拍照的包装设计，灵感来自在桌子留下的环形咖啡渍。图案设计是在纸上多次用咖啡液盖章制成，并在外包装纸和内包装盒中都呈现了这一设计。

设计草图

外包装

❷ 工艺

在内包装底部线条烫银，为的是让包装平躺放在货架上时也能吸引眼球。文字部分使用了凸版印刷，特点是墨色饱满，使整体设计更加醒目。

内包装

❸ 材料

内包装盒使用竹尾纸业生产的SNOBLE-FS，这款纸如雪般白净，手感柔滑。通过纸张的大量留白，在包装上塑造了令人舒适的白色平面空间。

HAUT 护肤品

低调内敛的男性风设计

★ 日本优良设计奖、东京 TDC 奖 ★

D+PH：黑野真吾　　CL：CARTA COMMUNICATIONS. INC

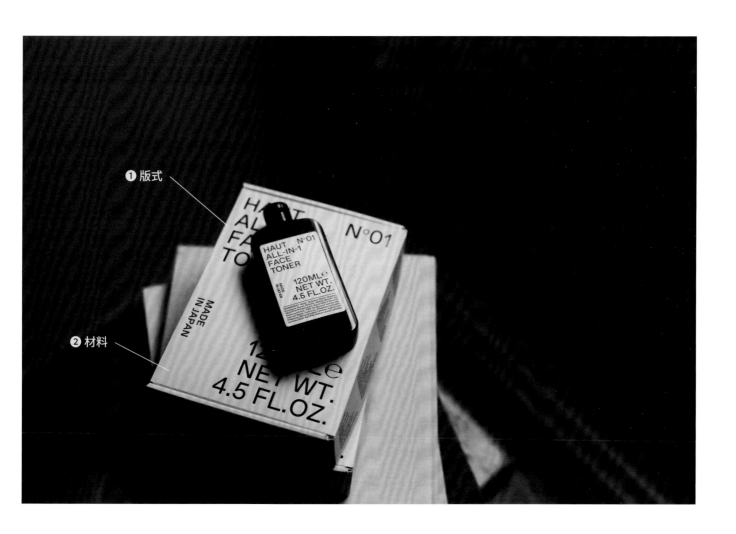

包装信息

材料：PET、纸板
工艺：胶印、烫印

品牌简介

近年来，日本的男性护肤品市场在不断增长，HAUT 品牌推出了一款化妆水、乳液和精华三合一的产品，让即使没有护肤经验的男士，也能轻松使用。

❶ 版式

外包装盒及瓶子标签的设计以排版为基础，使用瑞士字体公司 Dinamo 设计的英文无衬线体 Favorit。该字体线条横平竖直，与官网上的化学公式相匹配。其中标签字体以大写为主，让人感觉不会太标准化，并且能留下持久的印象。

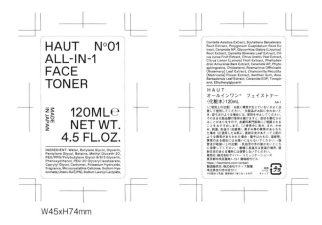

W45xH74mm

标签平面设计图

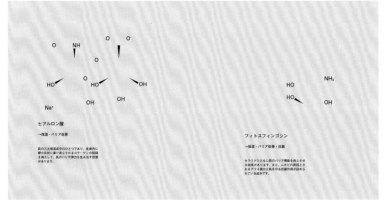

HAUT 官网上的化学公式

❷ 材料

　　设计师用硬纸板打造了类似摄影集会用的书籍外包装，让拿到它的人就像拥有了一本书。随包装附上一本介绍手册，传达品牌的理念。

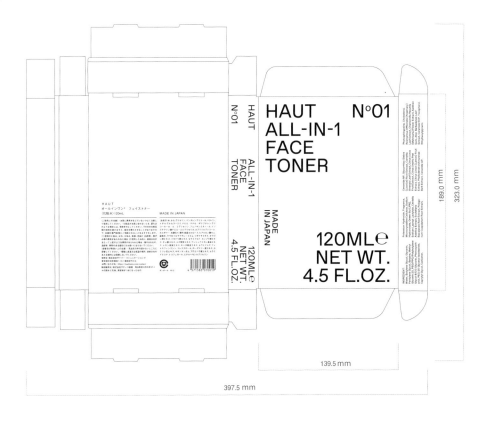

NORM 啤酒

传递手工制作的质感

CD：石田一帆   D+PH：黑野真吾   CL：norm co., ltd.

❶ 版式

❷ 材料

包装信息

材料：玻璃瓶、棉纸
工艺：凸印、胶印

品牌简介

日本人气博主石田一帆出于对啤酒的热爱，创建了自己的精酿啤酒品牌 NORM。在制作过程中选用优质大麦、啤酒花和富士山地下水，聘请技术成熟的酿酒师手工酿造。

❶ 版式

瓶身标签展现了中性、简单且高级的排版风格。字体使用衬线体 Futura，设计师希望通过其鲜明的几何造型创造现代的氛围。在版面右下可手写啤酒编号，为产品附加价值。

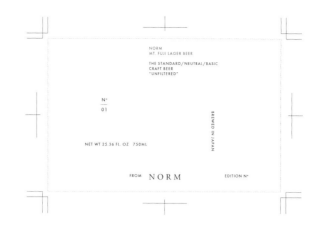

标签平面设计图

❷ 材料

为了追求手工艺感，标签使用触感极佳的棉纸，还有束绳袋作为外包装，可以让消费者把啤酒当成礼物或纪念品赠送。

OLVEL 营养补充剂

色彩系统提高产品辨识度

DF：Great&Golden　ST：Toma Stasiukaitytė　AD：Gabija Platūkytė-Azarevičė、Aidas Šumskas

D：Agnė Alesiūtė、Eglė Ožalaitė　CL：Siromed Pharma，UAB

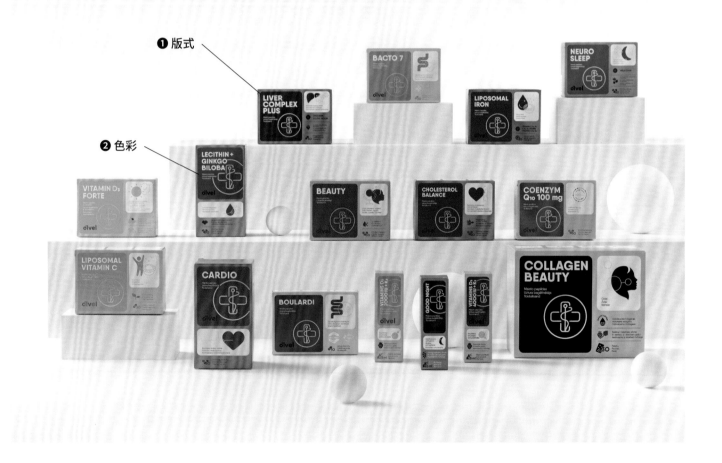

❶ 版式

❷ 色彩

包装信息

材料：全息箔

工艺：覆触感膜、击凸、UV上光、烫印

品牌简介

营养补充剂产品 LiveWell 在 2021 年进行了产品和视觉升级，并将名字改成了 OLVEL。现旗下约有 15 个不同品类和 50 个单品，以应对多样的健康问题，目前产品主要在立陶宛、拉脱维亚、爱沙尼亚和波兰的药店中出售。

❶ 版式

　　为了让该产品的包装在药品领域中脱颖而出，同时提高消费者的购物体验，设计团队创建了一套 VI 系统，通过色块、放大产品名、适用领域标识（如心血管类为心形，辅助睡眠类为月亮形）和十字图标，创造视觉吸引力，并且能让人快速辨别该产品适用的病症。

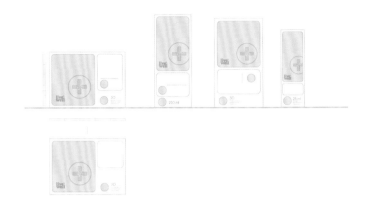

升级前的包装 VS 升级后的包装

❷ 色彩

　　每款包装都使用主色和辅色，帮助消费者快速找到需要的产品。其中，主色用来区分产品类别，比如美容类的主色为肤色，辅助睡眠类的主色为蓝色。在同一个类别下，再依靠辅色细化产品功能。多样的配色方案能为药品包装赋予生动和欢快的印象，向人们传递美好未来的期望。

Pantone 2206 C

Pantone 2153 C

Pantone 648 C

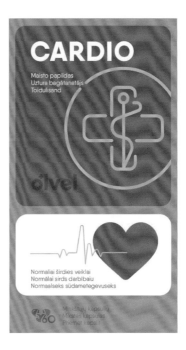

Pantone 1635 C

Pantone 2026 C

Pantone 2027 C

NGA 防护用品

创造贴心的使用体验

DF：Layer Design　CL：Never Go Alone

❶ 材料

❷ 结构

❸ 色彩

包装信息

材料：再生塑料、纺织品

品牌简介

越南女性企业家 Nga Ngyuen 创建了个人防护用品品牌 Never Go Alone，简称 NGA。该品牌生产洗手液、消毒湿巾、消毒喷雾和口罩等日常防护品，让人们能够更安全地应对日常卫生健康问题。

❶ 材料

包装材料主要包括注塑再生塑料和纺织物，表面摸起来像光滑的鹅卵石，可以丝滑地放入包内，随身携带。该品牌十分注重可持续发展，比如消毒喷雾的瓶身采用再生材料，旨在减少浪费，使用完后还可以补充消毒液反复使用。

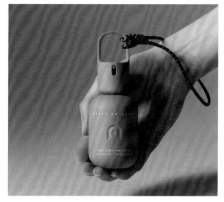

消毒喷雾瓶

消毒湿巾罐

❷ 结构

柔和的圆形边缘、可以轻易握在手中的大小，体现符合人体工程学的设计。为了方便人们随时随地取用，在喷雾瓶和湿巾盒上都设计了系扣挂绳的部位。

消毒湿巾盒

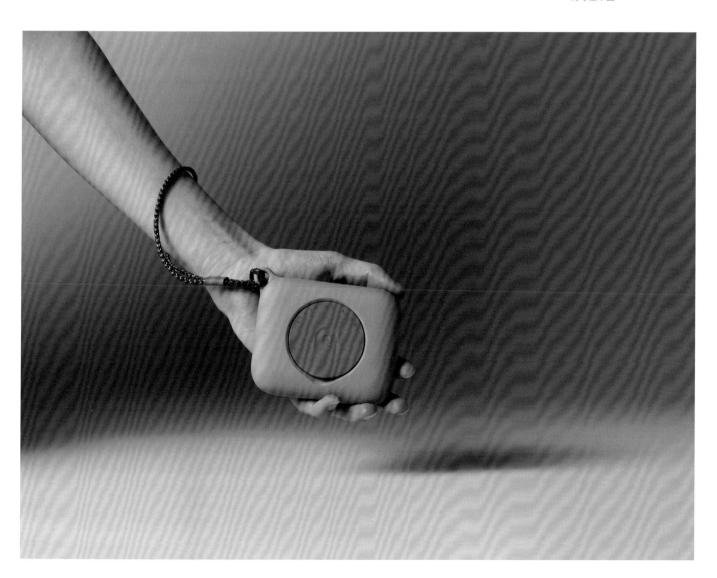

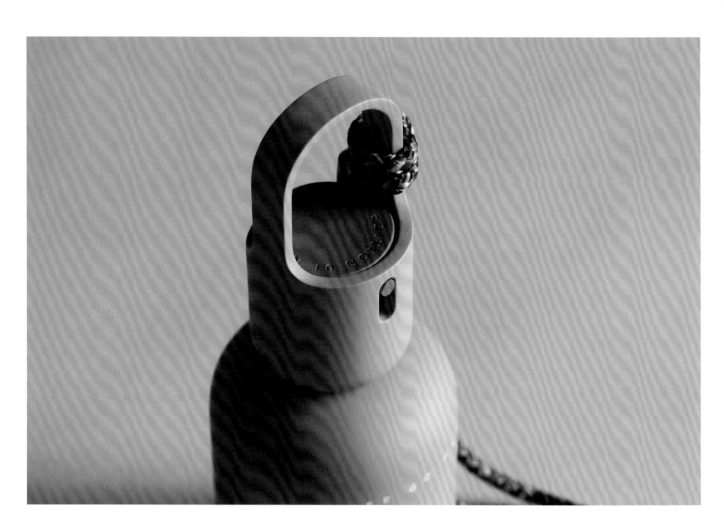

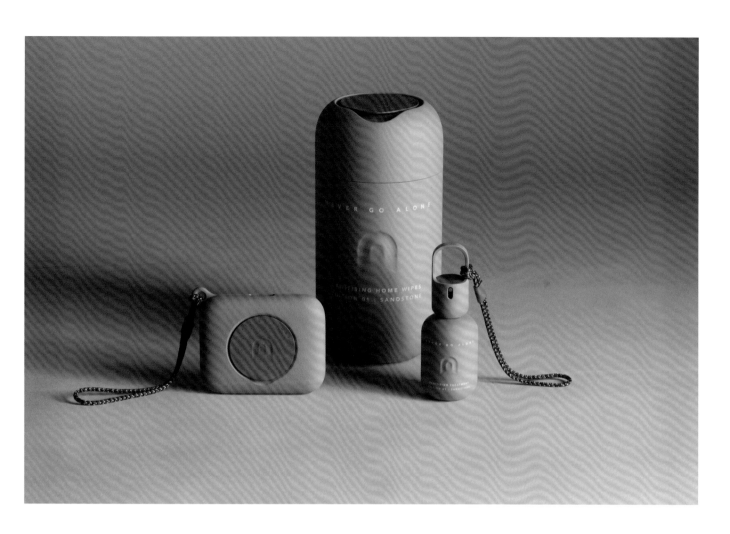

❸ 色彩

　　鲜艳的橙色和朴素的中性色调，使该品牌在相关医疗市场脱颖而出。从色彩心理学的角度看，橙色是令人振奋和乐观的颜色，有助于人们吸收新的想法。

Pantone 7530 C
R 163 G 147 B 130
HEX A39382

Pantone 167 C
R 190 G 83 B 28
HEX BE531C

Pantone 7506 C
R 251 G 210 B 156
HEX FBD29C

Pantone 7534 C
R 209 G 204 B 189
HEX D1CCBD

R 0 G 0 B 0
HEX 000000

Pantone Black 2 C
R 51 G 47 B 33
HEX 332F21

R 255 G 255 B 255
HEX FFFFFF

Phùng Ân2021 新年礼

内有乾坤的高端礼盒设计

DF：Studio Cohe   PM：Chii Nguyen   D：Colin Tran、Hiep Hoang、Dakota Nguyen、Minh Trang   CW：Dakota Nguyen   CL：Phùng Ân

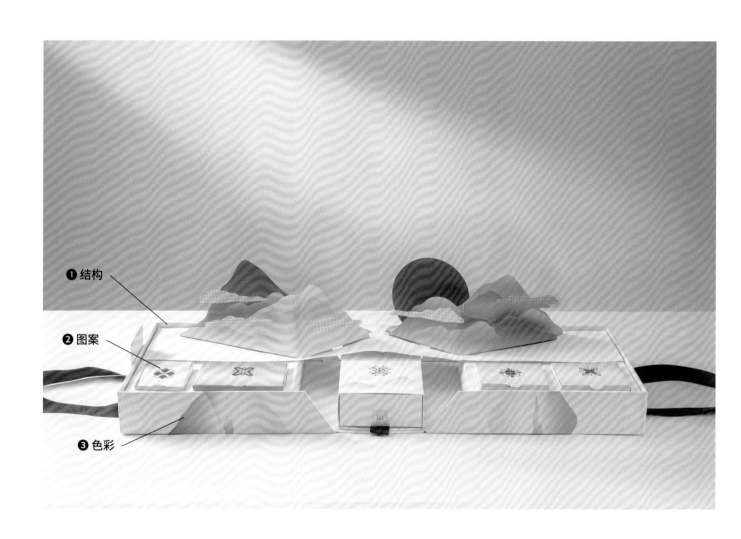

❶ 结构

❷ 图案

❸ 色彩

包装信息

材料：纸
工艺：烫金

品牌简介

在 2021 年春节，越南手工艺品牌 Phùng Ân 邀请各地匠人，制作了一款包含线香、茶、点心和果酒等物品的新年礼品套装，其中的香薰和茶是纪念焚香喝茶及冥想的传统习俗。品牌希望借由礼品传递宁静之意，帮助人们疗愈身心，为来年做好准备。

❶ 结构

设计团队为这套礼盒设计了弹出式结构，随着礼盒慢慢开启，里面的折纸能以V形折叠形式分层展开，最后形成一道立体的风景线，为放在中间的线香礼盒增添了幽远的意境。

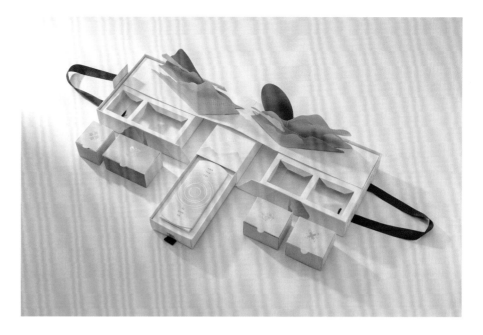

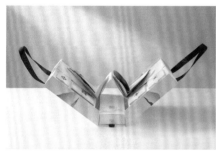

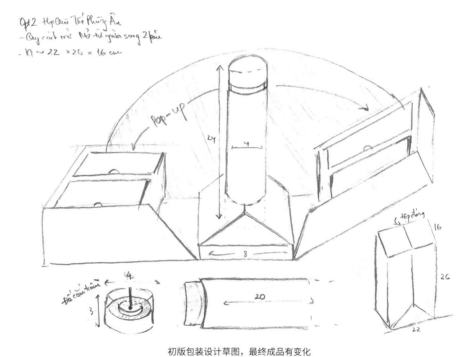

初版包装设计草图，最终成品有变化

礼盒打开步骤

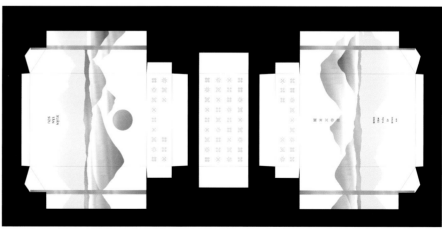

包装结构图

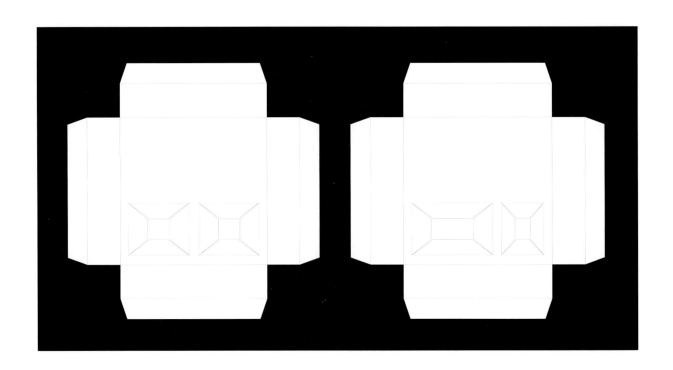

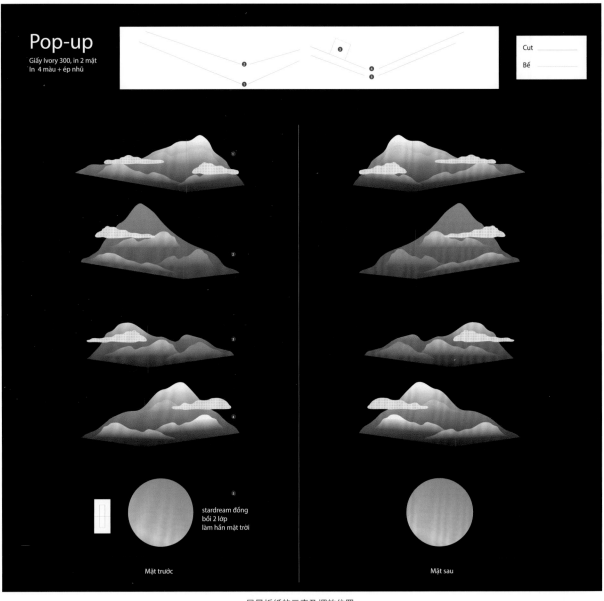

Pop-up

Giấy Ivory 300, in 2 mặt
In 4 màu + ép nhũ

Cut
Bế

stardream đồng
bối 2 lớp
làm hắn mặt trời

Mặt trước

Mặt sau

风景折纸的元素及摆放位置

228

❷ 图案

内包装盒正面印刷装饰性图标，设计灵感来自越南复古的地板图案、象征幸福和驱邪的桃花、新年烟花，并通过在礼盒顶部的排列组合，引申出脉轮 [1] 与平衡心灵之意。

[1]脉轮在印度瑜伽观念中是指分布于人体各部位的能量中枢，尤其是指从尾骨到头顶排列于身体中轴者。

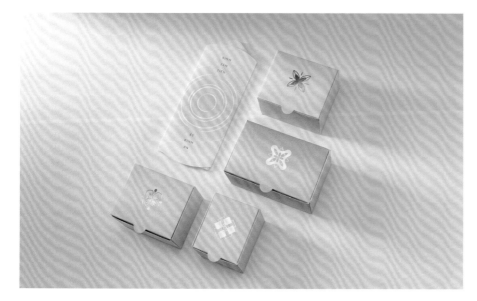

❸ 色彩

礼盒使用略带奶油色的纸张，呈现温暖和快乐的基调。图案使用小面积的粉色、柔和的渐变和金箔来展现自然元素，旨在为人们的心灵描绘一道宁静的风景。手提带选择了红色，使得礼盒看起来更加喜庆和显眼。

Persian Apothecary 混合茶

拥抱异国浪漫的人文情怀

DF：VVORKROOM　CD：Vicky González　AD：Ricardo Acuña　CL：Sheyda Monshizadeh-Azar

① 照片

③ 图案

② 材料

④ 色彩

包装信息

材料：Couché（150克）、Fasson Paper Watermark（120克）

工艺：哑光覆膜、数码胶印

品牌简介

Persian Apothecary 是混合茶品牌，创始人是一位英籍伊朗裔女性。该品牌茶叶来自世界各地，用创始人家族悠久的配方在英国制作完成。品牌受到伊朗丰富且复杂的文化启发，反映了创始人在伊朗旅行的经历和自身继承的家族传统文化，以及她在异国生活的不完美记忆。

❶ 照片

　　包装设计灵感来自伊朗著名导演阿巴斯·基雅罗斯塔米的电影镜头，以及该品牌创始人喜欢的伊朗诗人如西敏·贝赫巴哈尼、苏赫拉布·塞佩赫里等人的诗作。设计团队从中感受到伊朗美丽的文化，最终借由文学作品形式讲述品牌故事，唤起人们心中对伊朗的印象。包装设计以书为概念，让整个系列如同出版的套书。正面主视觉使用了人文风景照，大部分出自伊朗著名纪实摄影师塔米尼·蒙扎维之手，左右两侧分别为英文和波斯文的伊朗诗，背面是创始人撰写的有关茶叶的故事。

❷ 材料

在伊朗的传统市场，人们用铝、黄铜或铜制的罐状容器展示及售卖香料，因此选用金属罐储存茶叶，目的是在消费者家中塑造伊朗式氛围。

❸ 图案

照片左上的图标和金属罐的标签视觉，参考了伊斯兰传统图案，传达从伊斯兰建筑中感受到的庄严及宁静。

❹ 色彩

配色灵感受到阿巴斯的电影、伊朗服饰、风景和建筑等启发，需求一种感官和情感的体验，比如使用了有名的波斯蓝。该颜色因用波斯布料的靛青色和波斯陶瓷的蓝色混合而得名，是一种介于暗蓝色和紫色之间的颜色，能让人立即联想到伊朗。当这个系列茶叶在英国知名百货商场 Selfridges 上架后，其充满异国情调的色彩使产品脱颖而出。

Driving in Tehran

Pantone Warm Gray U
C 9 M 10 Y 1 K 0
R 219 G 213 B 205

The Shah's Earl Grey

Pantone Black 7 U
C 46 M 44 Y 49 K 47
R 108 G 104 B 100

A Taste of Cherry

Pantone 7409 U
C 0 M 29 Y 100 K 0
R 247 G 173 B 80

Persian Breakfast

Pantone 293 U
C 100 M 73 Y 0 K 5
R 55 G 91 B 168

The Air By The Caspian

Pantone 2418U
C 100 M 0 Y 97 K 10
R 0 G 135 B 89

20 Rosewater House

Pantone 496 U
C 0 M 25 Y 3 K 0
R 249 G 194 B 204

Reading Hafez in Shiraz

Pantone 2035 U
C 0 M 98 Y 100 K 0
R 222 G 67 B 67

人と 木と ひととき日本酒

放大酿酒桶的木纹特点

★ 日本包装设计协会金奖、英国 D&AD 木铅笔奖、Topawards Asia 设计奖、德国 iF 包装设计奖、韩国 K- 设计大奖 ★

D：BULLET Inc.　AD+D：小玉文　D：山崎良弥　CL：今代司酒造

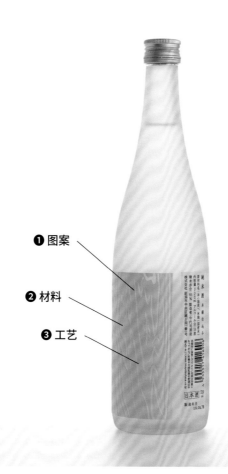

❶ 图案

❷ 材料

❸ 工艺

包装信息

材料：竹尾 PACHICA 纸
工艺：热压印、击凸

品牌简介

用大型木桶酿造日本酒是日本的传统，但是现在能制作这种大型木桶的公司在日本仅剩新潟县今代司酒造一家。出于将这种文化保留到下一个百年的想法，今代司酒造制作了两个新的 4000 升大型木桶，他们将在木桶酿造的酒命名为"人と 木と ひととき"，意思是人、木头与时刻。

❶ 图案

设计师希望这款酒的标签设计能成为人们购买的动机之一，在标签上绘制了酿酒木桶的纹理，该木桶使用的原料为杉木，是日本最具代表性的高级木材，经工匠精心打磨后，其美丽的纹理得以大放异彩。

工匠在制作木桶

❷ 材料

标签用纸为竹尾纸业生产的特种纸PACHICA，其柔软、好似翻毛般的表面具有独特的质感，最大特点是经热压印后会呈透明状，与内侧 PP 贴合相组合又会产生色彩上的变化。由于酒受到木材影响，液体是淡淡的黄色。简约的白色标签衬托酒的浅黄，人们还可以通过透明部分欣赏到属于酒的色彩。

❸ 工艺

标签使用两种不同强度的击凸工艺，让木纹图案呈现浮雕感，并在部分纹理使用热压印加工，打造更丰富的视觉层次。

クッキー同盟曲奇

精致的英伦风设计

DF：AFFORDANCE　CD +D+ILL：平野笃史　D：萱沼大喜、Joséphine Grenier　CW：兼田美穗（SOKOSOKOSHA Inc.）
PR：稲生敏明（WAIKIKI Inc.）　CL：クッキー同盟

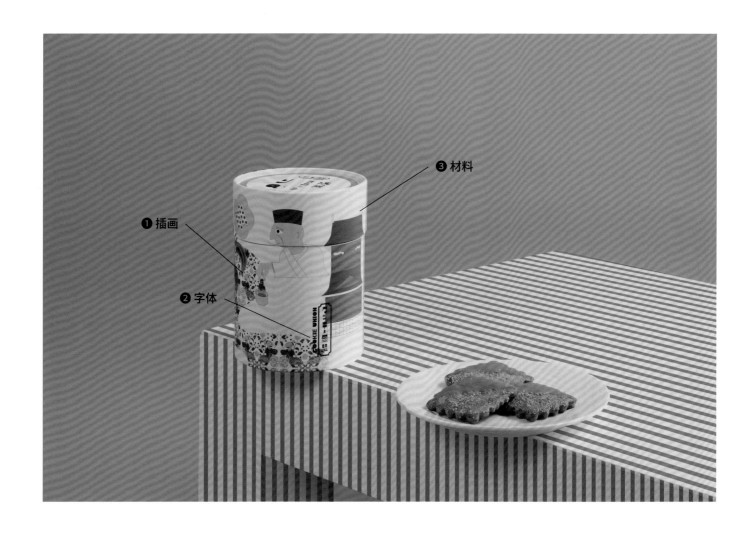

❸ 材料

❶ 插画

❷ 字体

包装信息

材料：哑光铜版纸

工艺：胶印

品牌简介

クッキー同盟（意为曲奇同盟）是一个再现传统英式糕点风味的曲奇品牌，以英国饮食文化的深度和食材的重要性为主题，开发曲奇配方。曲奇原料只选用日本本土的小麦粉、鸡蛋、水果、香料和巧克力等简单食材，经过手工制作、精心烘焙而成，展现如母亲家庭食谱般的手艺和味道。

❶ 插画

为了让消费者感受到产品制作手法的独特，包装视觉着眼于英国，特别是苏格兰流传的妖精传说。设计师基于曲奇口味想象，绘制了性格各异的插画角色。此外，还把英国伟大的艺术家、设计师威廉·莫里斯的壁纸图形融入视觉，创造精细且多样的图形组合。

❷ 字体

字体设计以英国传统字体为基础，在稍稍保留经典怀旧感的同时，外观具有冲击力，展现与"クッキー同盟"这一名称相符的威风感。

ABCDEFG
HIJKLMNOPQRSTU
VWXYZ
abcdefg
hijklmnopqrstu
vwxyz

❸ 材料

出于成本和环保考虑，包装多采用普通的纸质材料，专注用视觉引起消费者注意，但也制作了适合送礼的铁盒包装。

237

OKO LIFE 线香

绘画为香味的享受锦上添花

★ Topawards Asia 设计奖 ★

DF：heso inc.　AD：浅井晶木　D：泽田美野里　CL：麻布香雅堂

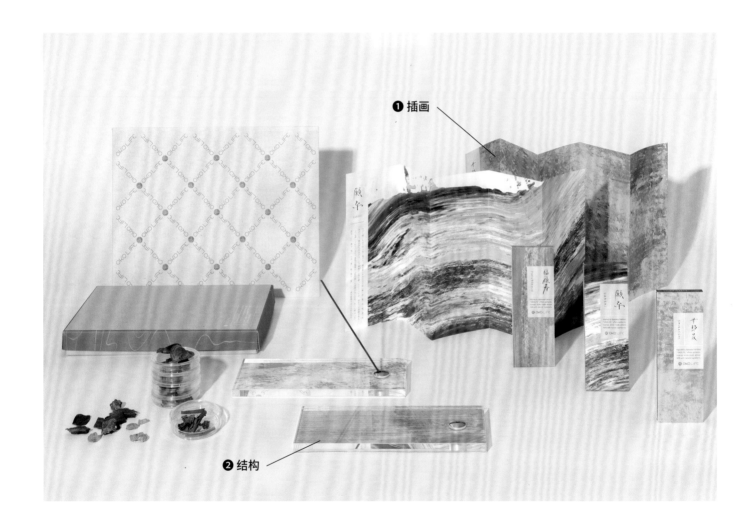

❶ 插画

❷ 结构

包装信息

材料：ミルト GA スピリット纸、NT RASHA 纸、
　　　塑料瓦楞板（5毫米）

工艺：四色印刷、胶印

品牌简介

有 200 年历史的日本香薰专卖店香雅堂，从 2019 年起开展名为 OKO LIFE 的定期线香产品配送服务，让那些无法在线下购买或体验产品的人，根据自己的生活节奏享受香气带来的治愈时刻。

❶ 插画

　　包装视觉旨在通过绘画引起消费者共
鸣，并根据每月主题有不同变化。如重阳
节的菊枕主题：直到大约 50 年前，日本
人在重阳节期间还保留着独特的睡眠习
俗，即在枕袋里塞满晒干一个月的菊花。
因为菊花在当时被认为可以避邪，使人长
寿。从科学角度来说，菊花淡淡的香味可
以使人一夜好眠。插画的画风华丽、富有
冲击力，在日本传统的香薰类包装中很少
见，有助于吸引人们的注意。不仅如此，
绘画作为一种视觉引导或信息，为香味的
享受锦上添花。

菊枕主题的包装视觉

❷ 结构

　　包装采用滑动式结构，从左至右滑动即可取用线香。内包装利用塑料瓦楞板原本就有的隔间结构，将线香逐一放在隔间里，不仅能让消费者一目了然地看到数量，也可以保证线香在运送过程中不会因挤压而受损。

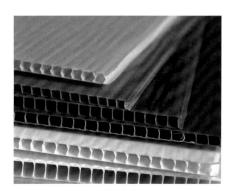

塑料瓦楞板

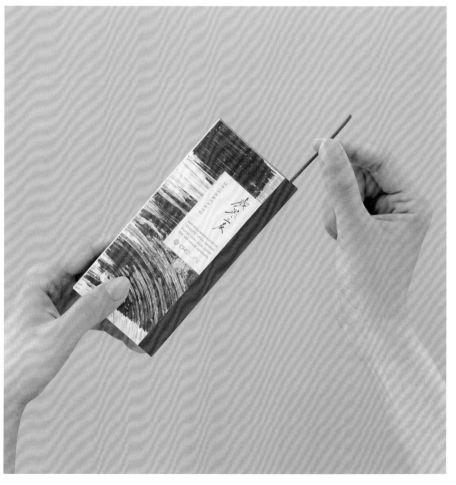

琉璃の风海苔

以结构体现产地独特性

★ DFA 亚洲最具影响力设计奖铜奖、德国国家设计奖、荷兰 Indigo 设计奖 ★

DF：aizawa office Inc.　AD+D：相泽幸彦　CL：Food Relation Co., Ltd.

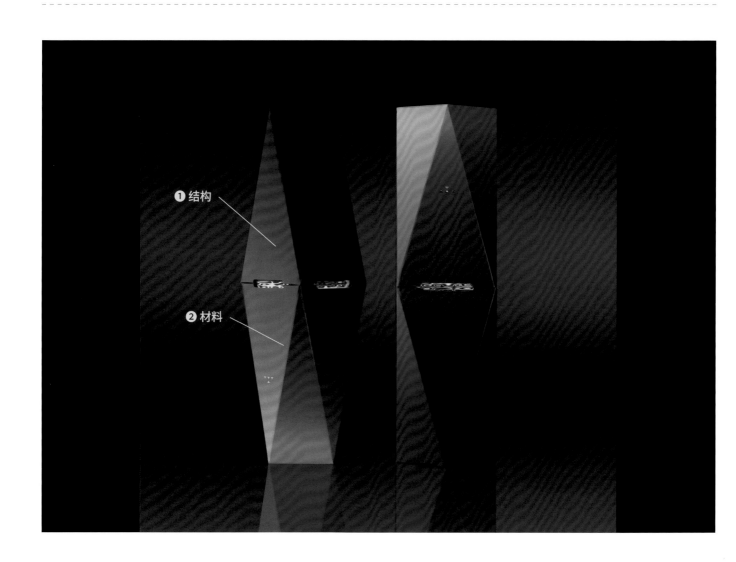

① 结构

② 材料

包装信息

材料：纸
工艺：烫银

品牌简介

筋青海苔产于日本，对生长环境要求非常严苛，只在吉野川的特定咸水渔区生长，水温和盐度都是影响产量的重要因素。它常用来调味和装饰菜品，也因其珍稀少有，在高级餐厅与和果子店中被当作很有价值的用料。但日本大众很少把筋青海苔当成单独的食材，Food Relation 公司把握商机，将筋青海苔切成易于食用的大小，分装成小分量售出，推出了产品"琉璃の风"。

❶ 结构

　　包装盒采用多面体结构，从正面看是四边形，从不同角度看又是六边形，以形象化吉野川波光粼粼的水面。同时包装要求足够坚固，以方便运输。多面体构造可能在稳定性方面有所欠缺，因此负责生产的印刷商提出在包装内部应用加固结构，让这个创意最终实现。

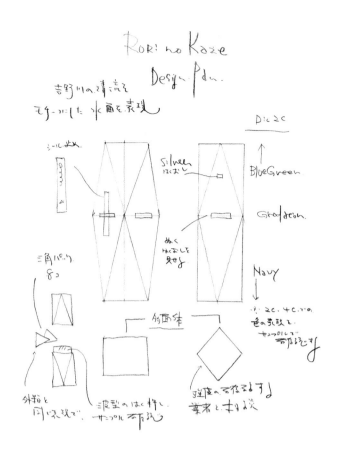

吉野川河面 ©Bakkai

包装设计草图

❷ 材料

　　包装盒可上下拆分为两部分，在中间封口处烫银，呈现与流动水面相似的视觉。

UMESHU THE AMBER 梅酒

细密纹样尽显酒水色彩之美

★ Pentawards 包装设计银奖、日本包装设计协会银奖、Topawards Asia 设计奖 ★

DF：P.K.G.Tokyo Inc.　AD：天野和俊　D：白井绚奈　CL：Liquor Innovation Co., Ltd.

❶ 工艺

❷ 材料

包装信息

材料：桐木、和纸
工艺：烫金、激光切割

品牌简介

UMESHU THE AMBER 是一套三瓶装的梅酒礼品，酒分别酿造于三个不同的年份，原料选用日本和歌山县有名的"纪州南高梅"。因酒水呈现深沉的琥珀色，所以产品名使用了琥珀的英文 AMBER。

❶ 工艺

设计团队从品牌创造"食物工艺品"理念出发，在瓶身包装上采用原料产地的传统工艺"伊势印花纸版" [1] 元素，使用激光切割呈现伊势型纸的梅花纹样。镂空部分旨在展现酒水美丽的琥珀色，纸张留白则为了塑造日本的传统氛围。在瓶盖还使用了烫金的密封贴纸，外包装盒用日本传统礼品包装装饰水引 [2] 绳捆绑。

[1] 一种制造纺织品染色用纸模板的工艺，被日本指定为无形的文化财产之一。

[2] "水引"二字来自该工艺最初用的材料苎麻绳，而制作苎麻绳需要将苎麻剥皮并在水中浸泡，这个过程被称为水引，因而水引也可当作麻绳的别称。水引绳的主要工艺品形式是水引结，主要作为礼品包装的装饰品。

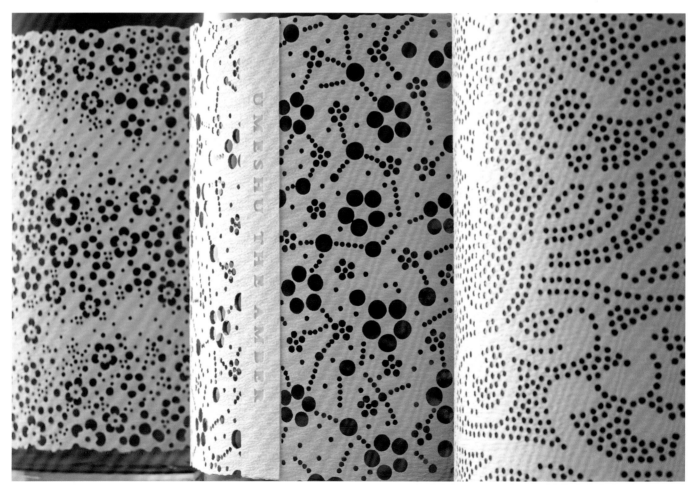

❷ 材料

　　外包装盒材料为桐木。桐木在日本被视为吉祥之木，特点是透气度高、耐潮且木纹顺直美丽，多用于送礼场合。

盒马日日鲜

强调商品新鲜的属性

DF：Blue Design　CD：周志敏　D：刘力、何金霖、刘忠益　CL：盒马

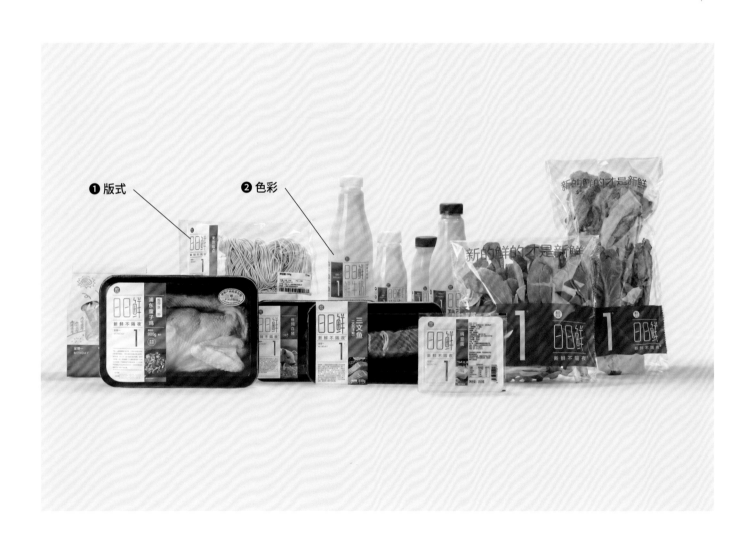

品牌简介

盒马自有品牌日日鲜以亲民的价格提供当日新鲜的产品，小包装设计也贴近新中产所需，避免消费者吃隔夜剩菜，可以间接推动消费者养成健康的饮食习惯。

❶ 版式

　　设计团队将品牌 Logo、"新鲜不隔夜"的 Slogan 和商品信息梳理归类、排列层级，根据包装不同形式、比例及用材来排列信息，设计成统一的版式模版，以此统一品牌视觉，同时适用于庞大的商品数量，不同商品的包装只需更改模版信息即可。

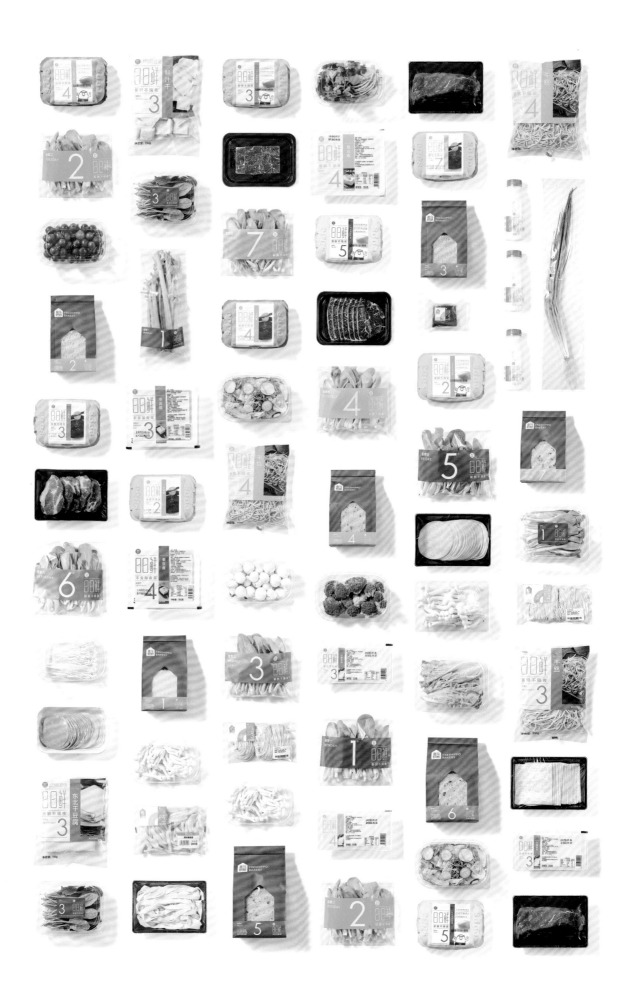

❷ 色彩

　　包装使用 7 种颜色对应一周 7 天，并醒目标注日期，便于消费者识别。在颜色上，选取比之前包装饱和度更高的色彩，并且冷暖色间隔使用，增强日与日之间颜色的差异化，让消费更明显地感知"新鲜"的商品属性。

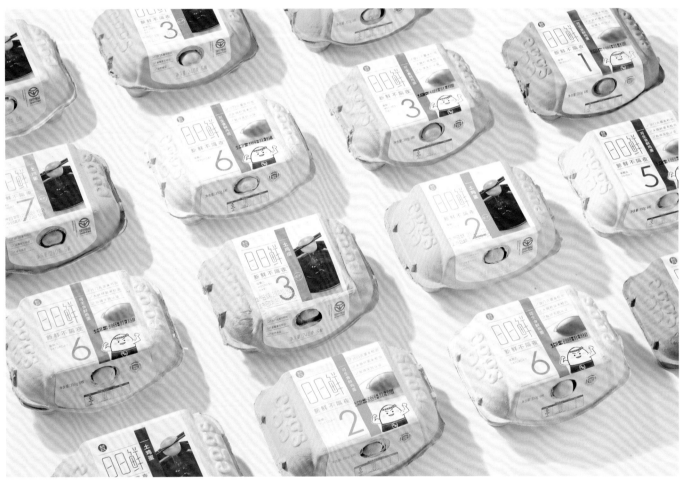

Pantone 1785C
C 0 M 83 Y 51 K 0
FD4A5C

Pantone 3265C
C 80 M 0 Y 44 K 0
00C4B3

Pantone 1585C
C 0 M 72 Y 83 K 0
EC682E

Pantone 360C
C 62 M 3 Y 87 K 0
6ABF4B

Pantone 185C
C 8 M 99 Y 84 K 0
EA0029

Pantone 2665C
C 54 M 65 Y 0 K 0
8865A9

Pantone 223C
C 2 M 64 Y 2 K 0
F97FB5

AFFORDANCE
affordance.tokyo

温水工作室
behance.net/bubblekj

HUGMUN.STUDIO
behance.net/hugmun

Alejandro Gavancho
alejandrogavancho.com

Caramari
catamari.co.jp

heso inc.
heso-cha.com

Andres Moreno
behance.net/amorenop

Cement Produce Design
cementdesign.com

ichi design inc.
ichi-d.jp

ad house public
adhpublic.com

cosmos inc.
cosmos-inc.co.jp

K9 Design
behance.net/k9designtw

aizawa office Inc.
aizawa-office.com

DE_FORM
de-form.hu

Kreatives
kreatives.co

清水彩香
ayaka-shimizu.com

Design Bakery
designbakery.cn

大岳一叶
kazuhaotake.com

Backbone Branding
backbonebranding.com

二声设计事务所
behance.net/designtonetone

Layer Design
layerdesign.com

Barceló Estudio
barceloestudio.com

Giada Tamborrino Studio
gtstudio.co

Lesha Limonov
behance.net/limonov

Behalf Studio
onbehalfof.studio

Great&Golden
greatandgolden.studio

loof.design
loof.design

Blue Design
behance.net/Blue--Design

Grisha Serov
behance.net/serov

lowkey design
behance.net/lowkeydesigncompany

Bracom Agency
bracom.agency

谷东杰
behance.net/a10047581976624GDD

MAGNET Design firm
magnetdesignfirm.com

BULLET Inc.
bullet-inc.jp

HOOKFOOD 大食设计商店
behance.net/hookfood2020

Masahiro Minami Design
masahiro-minami.com

Menta	**Pearlfisher**	**黑野真吾**
menta.is	pearlfisher.com	shingokurono.com
Mirae Kim	**Prompt Design**	**松鼠创意设计院**
behance.net/miraekim	prompt-design.com	zcool.com.cn/u/23476004
Moloko creative design agency	**P.K.G.Tokyo Inc.**	**潘虎包装设计实验室**
mlk.global	pkg.tokyo	tigerpan.com
慢熟工作室	**Rosana Sousa**	**三名治股份有限公司**
behance.net/dzdoze	behance.net/rosanaPORTFOLIO	triangler.com.tw
NEW Inc.	**秋珈心**	**VVORKROOM**
new-design.jp	weibo.com/crazymint	vvorkroom.com
Nicelab Studio	**SANO WATARU DESIGN OFFICE INC.**	**张健翔**
nicelab-studio.com	sanowataru.com	behance.net/jianxiangzhang-CAFA
OlssønBarbieri	**Sofia De**	**智力有限工作室**
olssonbarbieri.com	behance.net/sofiadefrancescov	behance.net/ZLYX
Ono and Associates Inc.	**Soul Studio**	
onoaa.com	soulstudio.co	
OUWN	**StudioBah**	
jp.ouwn.jp	studiobah.com.br	
小川裕子	**Studio Cohe**	
ogawa-design.com	behance.net/studiocohe	
一本设计工作室	**Studio Otherness**	
behance.net/onebookfun6eeb	otherness.ca	
Peace Graphics	**Stranger & Stranger LTD**	
peacegraphics.jp	strangerandstranger.com	

/// 致谢辞 ///

仅此衷心感谢所有为本书提供作品的设计师，以及为本书提供宝贵意见的专业人士。也诚挚感谢参与本书制作的编辑、设计师及相关工作人员，他们的辛勤工作让本书得以顺利出版。

/// 卷尾语 ///

高色调文化，创建于 2003 年，设计一切与美有关的纸质出版物，专研艺术如何与设计碰撞出火花，致力于提供新奇的设计灵感以及有趣的艺术内容。

感谢您购买《创意包装》。如果您对本书的编辑与设计有任何意见，欢迎提出宝贵的建议。